NUDES

NUBES. CÓMO IDENTIFICAR LAS FORMAS MÁS
FUGACES DE LA NATURALEZA

Título original: *Clouds. How to Identify Nature's Most Fleeing Forms*

© del texto: UniPress Books Limited
© de la traducción: Beatriz Villena Sánchez, 2025

© de la edición original: UniPress Books Limited, 2025
© de esta edición: Folioscopio, S. L., 2026
c/ Rosselló, 186 5º-4ª 08008 Barcelona (España)
www.folioscopio.com

Primera edición: mayo de 2026
ISBN: 978-84-1038014-1
Depósito legal: B 13486-2025

Diseño de portada: lookatcia
Imagen de portada: *Cloud Study*, John Constable, 1821.
Centro de Arte Británico de Yale.

NUBES

Cómo identificar las formas más fugaces
de la naturaleza

EDWARD GRAHAM

FOLIOSCOPIO

ÍNDICE

PRÓLOGO

«EL SERVICIO DE LAS NUBES»: ARTE, CIENCIA Y EL CIELO

Por Richard Hamblyn

Cuando, en 1774, el pintor británico Joseph Wright (de Derby) subió al Vesubio durante una visita a Nápoles, le habría encantado poder realizar el ascenso en compañía de un geólogo, ya que «sus pensamientos se habrían centrado en las entrañas de la montaña, mientras los míos apenas sobrevolaban la superficie. En ese momento, se estaba produciendo una erupción bastante importante, de la que voy a hacer un cuadro».

Un volcán en erupción no era nada nuevo en el arte de finales del siglo XVIII, pero lo que sí suponía toda una novedad era que Wright reconociera sus limitaciones científicas, cuyas implicaciones artísticas estaban claras: si presenciar un espectáculo natural era una cosa e intentar comprenderlo era otra, ¿acaso conocer la ciencia de lo que se estaba presenciando no lo convertiría en mejor artista? Esa pregunta —¿depende la percepción de la comprensión?— era profunda e inquietante y, en el transcurso de la siguiente mitad de siglo, en pleno auge de la filosofía natural de la Ilustración, se convirtió en la pregunta que todo paisajista serio se esforzaba por responder.

Por supuesto, los artistas, con mayor o menor éxito, llevaban siglos representando la tierra, el mar y el cielo. En el siglo XVII, los tratados de pintura ofrecían instrucciones detalladas sobre cómo dibujar árboles y nubes, y animaban a los artistas a salir a la naturaleza y pintar al aire libre. En la década de 1680, el pintor holandés especializado en marinas Willem van de Velde el Joven realizó una serie de bocetos plenairistas de nubes en Hampstead Heath durante su estancia en Londres, un proceso que denominó «salir a cazar barcos», mientras que tratados posteriores, como *New Method of Assisting the Invention in Drawing Original Compositions of Landscape* (1785) de Alexander Cozens, ofrecían clasificaciones visuales graduales de los estados del cielo, desde «despejado» a «cubierto», pasando por todos los matices de nubosidad intermedios. Pero nada en esa guía exigía que el pintor conociera la mecánica de lo que estaba pintando y, durante la mayor parte de la historia del arte, el cielo se ha considerado poco más que un lienzo móvil que había que copiar.

Pero eso iba a cambiar y, para cuando el crítico y artista John Ruskin declaró en 1844 que «el pintor debe conocer cada clase de roca, tierra y nube con precisión geológica y meteorológica», la práctica de la

1.

pintura del paisaje se había transformado en algo parecido a un trabajo de campo de historia natural. Esa transformación quedó ejemplificada en la extraordinaria afirmación de John Constable, realizada durante una conferencia en 1836, según la cual «la pintura es una ciencia y debe practicarse como un estudio de las leyes de la naturaleza. Entonces, ¿por qué no podría considerarse el paisajismo como una rama de la filosofía natural en la que los cuadros no serían más que experimentos?».

La relación que Constable estableció entre pintura y filosofía natural surgió en el contexto de los cambios culturales a gran escala que habían propiciado la aparición de la ciencia y la tecnología como motores económicos e intelectuales de gran parte del mundo occidental. La rápida profesionalización de las ciencias, iniciada a finales del siglo XVIII, hizo que, en el transcurso de un par de décadas, se creara toda una serie de organismos científicos especializados, entre ellos (sólo en Londres) la Linnean Society (fundada en 1788, para el estudio de la botánica y la taxonomía), la Geological Society (1807), la Astronomical Society (1820) y la Meteorological Society (1823), de la que Ruskin fue uno de los primeros miembros; de hecho, una de sus primeras publicaciones, *Remarks on the Present State of Meteorological Science* (Observaciones sobre el estado actual de la ciencia meteorológica), apareció en el volumen inaugural de *Transactions*, en 1839, cuando Ruskin tan sólo tenía veinte años.

1. *El Vesubio en erupción desde Posillipo*, de Joseph Wright de Derby, ca. 1788
Las primeras pinturas de nubes solían representar *Cumulus congestus* y *Cumulonimbus* a modo de imponentes torreones que conferían una majestuosidad dramática al anfiteatro de los cielos. En esta ocasión, la opción del artista podría estar justificada, ya que el dios Vulcano podría estar proporcionando suficiente calor y humedad como para crear y sostener un poderoso *Cumulonimbus calvus flammagenitus* (página 194).

2. *Estudio de nubes*, de John Constable, 1822 (en la página siguiente)
Un *Cumulus congestus* se eleva, majestuoso e imponente, hacia arriba, indicando el rápido ascenso de corrientes ascendentes de aire húmedo en esta atmósfera brumosa, característica de los cuadros de Constable.

2.

Así pues, cuando Constable se aventuró en Hampstead Heath, a principios de la década de 1820, con el objetivo de pintar nubes *in situ*, puede que fuera bajo los mismos cielos grises que su predecesor holandés, van de Velde el Joven, pero ya dentro de un mundo conceptual totalmente distinto. Llevó consigo un ejemplar de la obra de Thomas Forster *Researches About Atmospheric Phænomena* (1815), cuyo primer capítulo ofrecía un resumen ilustrado de la reciente clasificación y nomenclatura de las nubes realizada por Luke Howard, quien como muchos de sus contemporáneos científicos, era un consumado dibujante. Su emblemático *Essay on the Modifications of Clouds* (1803), al igual que el posterior resumen de Forster, incluía grabados de sus propios estudios en acuarela de los siete tipos de nubes que había identificado y nombrado: *Cirrus*, *Cumulus*, *Stratus* y sus compuestos. Las anotaciones a lápiz de Constable en el libro de texto de Forster confirman su conocimiento actualizado de las nubes y el clima, al igual que las detalladas notas meteorológicas que añadió a los más de cien bocetos de nubes al óleo sobre papel que realizó entre 1820 y 1822, y que hoy se cuentan entre sus obras más célebres.

Constable no fue el primer artista del Romanticismo que se interesó por las ideas nefológicas de Luke Howard. Cuando el polímata J. W. von Goethe leyó una traducción al alemán del ensayo sobre las nubes de Howard, envió copias a varios artistas conocidos suyos, aconsejándoles que lo estudiaran antes de salir a dibujar al aire libre. Para el pintor de Dresde Carl Gustav Carus, el consejo resultó revelador. Según escribió, en cuanto leyó el ensayo, sintió que el «problema de cómo conciliar el análisis científico con la libertad creativa había quedado resuelto», ya que las nubes, según el nuevo sistema de Howard, se habían vuelto explicables al tiempo que seguían siendo libres para llevar a cabo sus incesantes transformaciones. Su respuesta fue muy compartida y una generación de paisajistas predominantemente noreuropeos, entre los que se encontraban el danés C. W. Eckersberg, el danés-noruego Johan Christian Dahl, su compatriota Knud Baade y el holandés Anton Pitloo, se dejaron seducir por esta nueva forma de concebir el cielo y su lugar en el arte.

Muchos, sí, pero no todos. En 1817, Goethe pidió a Caspar David Friedrich una serie de ilustraciones para la traducción al alemán del ensayo de Howard, pero Friedrich se negó alegando que «socavaría los cimientos del paisajismo», y se declaró contrario a «cualquier intento de encajar por la fuerza las libres y aéreas nubes en un orden y clasificación rígidos». Para los grandes románticos como Friedrich, las nubes seguían siendo símbolos de la libertad elemental, aunque la obra de generaciones posteriores de artistas, como la del noruego Lars Hertervig o el estadounidense Frederic Edwin Church, se vería aún más influida por las ciencias naturales. Church realizó docenas de estudios comentados de nubes como preparación para algunos de sus lienzos más conocidos.

3.

Al igual que las nubes de Constable una generación antes, estos bocetos plenairistas empezaron como ejercicios de ejecución rápida que se realizaban más en busca de la técnica que de la trascendencia, pero, como puede verse en cada página de este libro bellamente ilustrado, algo en su ingrávida mutabilidad habla más a nuestra sensibilidad moderna que muchas de las producciones de estudio más pulidas de estos pintores. Y aunque la llegada de la fotografía a finales del siglo XIX remodelaría los contornos tanto de las artes como de las ciencias, sobre todo de las ciencias más observacionales como la meteorología, la afirmación de Ruskin, hecha en 1856, sigue siendo seductoramente cierta:

...si hiciera falta un nombre general y característico para el paisajismo moderno, no podría inventarse ninguno mejor que «el servicio de las nubes».

3. **Vista del valle del Hudson, Nueva York**, de Frederic Edwin Church, ca. 1867
La Escuela del río Hudson fue un movimiento artístico del siglo XIX conocido por sus representaciones idealizadas de paisajes estadounidenses. En esta obra maestra, Church captura los últimos rayos de la puesta de sol mientras ilumina un manto fragmentado de *Altocumulus* de nivel medio. Debajo hay un banco más oscuro de *Stratocumulus* grumosos. La luz verde pálida que emana de detrás de las nubes encarna a la perfección una masa de aire de origen septentrional o polar.

4. **El valle del Sena en Saint-Cloud**, de Alfred Sisley, 1875 **(en la página siguiente)**
Cúmulos de buen tiempo dispuestos en «calles de nubes» (*Cumulus humilis radiatus*), en un bonito día, sobre la población con el muy adecuado nombre de Saint-Cloud, Francia.

TABLA DE CLASIFICACIÓN DE LAS NUBES

	GÉNEROS (TIPO)	ESPECIES (PUEDE SER SÓLO UNA)	VARIEDADES (PUEDE TENER MÁS DE UNA)	RASGOS SUPLEMENTARIOS	NUBES ACCESORIAS
	CIRRUS	fibratus uncinus spissatus castellanus floccus	intortus radiatus vertebratus duplicatus	mamma fluctus	
	CIRROCUMULUS	stratiformis lenticularis castellanus floccus	undulatus lacunosus	virga mamma cavum	
	CIRROSTRATUS	fibratus nebulosus	duplicatus undulatus		
	ALTOCUMULUS	stratiformis lenticularis castellanus floccus volutus	translucidus perlucidus opacus duplicatus undulatus radiatus lacunosus	virga mamma cavum fluctus asperitas	
	ALTOSTRATUS		translucidus opacus duplicatus undulatus radiatus	virga praecipitatio mamma	pannus

	GÉNEROS (TIPO)	ESPECIES (PUEDE SER SÓLO UNA)	VARIEDADES (PUEDE TENER MÁS DE UNA)	RASGOS SUPLEMENTARIOS	NUBES ACCESORIAS
	NIMBOSTRATUS			*praecipitatio* *virga*	*pannus*
	STRATOCUMULUS	*stratiformis* *lenticularis* *castellanus* *floccus* *volutus*	*translucidus* *perlucidus* *opacus* *duplicatus* *undulatus* *radiatus* *lacunosus*	*virga* *mamma* *praecipitatio* *fluctus* *asperitas* *cavum*	
	STRATUS	*nebulosus* *fractus*	*opacus* *translucidus* *undulatus*	*praecipitatio* *fluctus*	
	CUMULUS	*humilis* *mediocris* *congestus* *fractus*	*radiatus*	*virga* *praecipitatio* *arcus* *fluctus* *tuba*	*pileus* *velum* *pannus*
	CUMULONIMBUS	*calvus* *capillatus*		*praecipitatio* *virga* *incus* *mamma* *arcus* *murus* *cauda* *tuba*	*pannus* *pileus* *velum* *flumen*

1.

INTRODUCCIÓN

Vivimos en el fondo de un océano, en un mar de fluidos que nos sobre-
vuela y nos rodea. Es lo que llamamos atmósfera o «aire». Por suerte,
se trata de un fluido, en gran medida invisible, que no está demasiado
comprimido ni es demasiado denso, lo que nos permite poder vivir y
respirar en él, al menos a ras de suelo. Y hay un componente especial,
aunque muy diminuto, de esta mezcla gaseosa que dicta el aspecto de nuestra atmósfera: el vapor de agua.

Sólo el vapor de agua se eleva y se condensa en las nubes que tan bien conocemos,
trayéndonos el clima, las lluvias vivificantes, «frescas lluvias para las flores sedientas»
(del poema «La nube» de Percy Bysshe Shelley) y las cosechas. Según los físicos, el vapor
de agua es la sustancia con el mayor «calor latente» conocido, una especie de energía térmica secreta que se libera al evaporarse y se devuelve al aire al condensarse en forma de
nube, lo que le confiere un impulso de flotabilidad adicional. Y sólo la molécula de vapor
de agua tiene una masa molecular inferior a dos tercios de la de sus vecinos atmosféricos
mucho más abundantes, el nitrógeno y el oxígeno, lo que significa que el aire húmedo
que se eleva en las nubes es, de verdad, «más ligero que el aire».

No es de extrañar que las nubes nos hayan intrigado desde tiempos inmemoriales. Tanto para los científicos como para los artistas, su belleza estética y la respuesta emocional que suscitan en lo más profundo de nuestro ser pueden considerarse los principales factores que motivan nuestro interés por ellas. Dado que están en constante estado de modificación, o evolución, una forma de arte cercana al movimiento impresionista de finales del siglo XIX es quizá la mejor manera de captarlas y comprenderlas. Esa idea sustenta el enfoque de este libro, que combina la meteorología moderna con estudios realizados por algunos de los mejores artistas que han observado el cielo.

Las nubes son mucho más que esa «aérea nada» que describe Shakespeare en *Sueño de una noche de verano*. En nuestra era digital de efímeras «historias» en línea, el paisaje celeste puede considerarse una retransmisión en directo única, activa, 24/7, irrepetible, del mundo real, que demuestra las infalibles leyes físicas de la atmósfera. Debido a nuestro constante empeño por alterar la composición del aire, mediante nuestra contaminación y la adición de gases de efecto invernadero, las nubes y el clima extremo que estamos experimentando en estos últimos tiempos son manifestaciones directas de nuestro comportamiento. Nos guste o no, ahora somos los hacedores de nubes.

1. ***Estudio de nubes*, de Frederic Edwin Church, ca. 1868–1869**
En este estudio, Church capta a la perfección la luz del atardecer. Una «calle» de *Cumulus mediocris radiatus*, potenciada por una ligera brisa que sopla de izquierda a derecha, tiene como telón de fondo el azul pálido de una atmósfera húmeda de verano. Los parches de *Cumulus fractus* o *Stratocumulus* cercanos pueden indicar restos de nubes anteriores. Al fondo, en la parte más alta de la atmósfera, se ven rayas de *Cirrus* o *Cirrostratus fibratus*, teñidas de rosa-ocre por la puesta de sol.

2. *Estudio de nubes*, **de Knud
Baade, 1838**
Aquí, Baade ha captado
con agudeza y realismo las
condiciones de poca luz y de
sol bajo los cielos invernales del
norte, próximos al crepúsculo.
La atmósfera es inestable, lo cual
da lugar a grandes torreones
y torres de *Cumulus congestus* y
Cumulonimbus nacientes, en una
masa de aire costera de origen
polar, atestiguada por el fondo
verde pálido y el cielo azul ártico.

La yuxtaposición en el mismo
encuadre de *Cumulus* elevados
y de nubes más estables (la
extensión del *Stratocumulus
cumulogenitus* en primer plano,
¿o es el yunque mal colocado
de un *Cumulonimbus*?) sugiere
que el principal objetivo del
artista en esta ocasión era lograr
una atmósfera de melodrama
emocional, más que una
instantánea meteorológica exacta.

2.

6

5

4

3

2

«Así como las nubes ascienden,
se pliegan, se dispersan y caen,
deja que el mundo piense en ti,
quien le enseñó todo».

1

Johann von Goethe, *In Honour of Howard* (1821)

CLASIFICACIÓN DE LAS NUBES

LOS 10 PRINCIPALES TIPOS DE NUBES

E l *Atlas Internacional de Nubes* de la Organización Meteorológica Mundial (OMM) proporciona una norma acordada a nivel internacional para la observación y notificación de los tipos de nubes. Tal y como Luke Howard propuso por primera vez en su *Essay on the Modifications of Clouds* de 1803 y fue adoptado posteriormente por la OMM, utiliza un sistema taxonómico linneano, similar a la forma jerárquica en que la ciencia nombra plantas y animales.

La versión más reciente del atlas, que se publicó en línea en 2017, enumera diez géneros (tipos) principales de nubes, como se muestra en el diagrama de la página siguiente. Estos géneros pueden subdividirse a su vez en quince especies únicas: sólo es posible una especie por nube, y *Altostratus* y *Nimbostratus* no tienen subespecies. También son posibles otras nueve variedades de nube, once rasgos suplementarios y cuatro nubes accesorias; cada nube puede tener uno, más de uno o ninguno de estos elementos. Sin embargo, las variedades de nubes, las nubes accesorias y los rasgos suplementarios tienden a ser más la excepción que la regla, y muchos son exclusivos de géneros de nubes concretos (se enumeran en su totalidad en la Tabla de clasificación de las nubes de las páginas 14 y 15).

El diagrama de nubes y la tabla de clasificación de nubes sólo incluyen nubes de la troposfera, la región de la atmósfera donde se produce el clima cotidiano. Todas las nubes troposféricas son el resultado de las condiciones meteorológicas que experimentamos en la superficie terrestre en un día determinado y pueden advertirnos de ellas. De vez en cuando, pueden aparecer otros tipos de nubes en la estratosfera y la mesosfera, de algunas de las cuales hablaremos más adelante en este libro. Son mucho más tenues, etéreas y de otro mundo que las de la troposfera, y no afectan directamente al tiempo cotidiano en tierra.

TIPOS DE NUBES POR ALTITUD

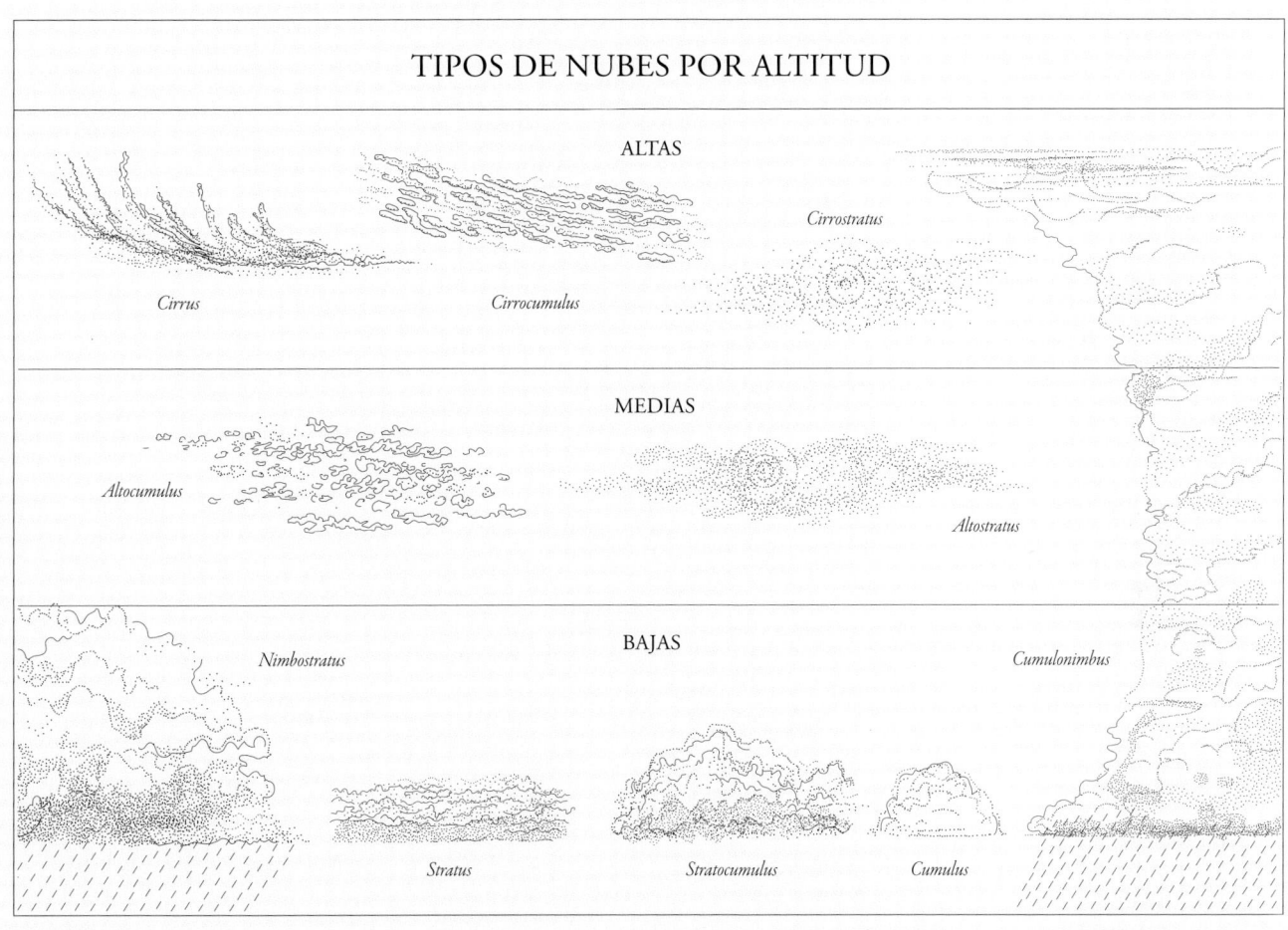

ALTAS

Cirrus

Cirrocumulus

Cirrostratus

MEDIAS

Altocumulus

Altostratus

BAJAS

Nimbostratus

Cumulonimbus

Stratus

Stratocumulus

Cumulus

ATMÓSFERA TERRESTRE	
Gas	**Porcentaje total por masa de aire seco**
Nitrógeno	78,08
Oxígeno	20,95
Argón	0,93
Dióxido de carbono	0,04
Vapor de agua (media mundial)	0,25

LEY DE DALTON

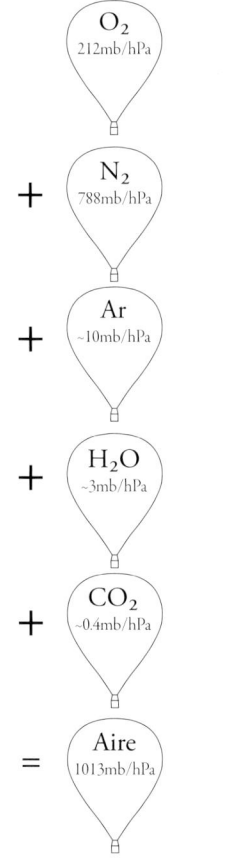

Ley de Dalton
Esquema de la Ley de Dalton, que afirma que la presión atmosférica total es igual a la suma de las presiones parciales de los gases individuales.

EL ORIGEN DE LA ATMÓSFERA Y LAS NUBES

La atmósfera está compuesta por gases que no han podido escapar a la fuerza gravitatoria de la Tierra y no ha dejado de evolucionar durante toda la historia de nuestro planeta. En la primera proto-Tierra fundida (tal vez un poco como la actual luna de Saturno, Titán), algunos de los primeros componentes de la atmósfera fueron el metano, el dióxido de carbono y el sulfuro de hidrógeno. El agua líquida no se condensó para formar los océanos hasta mucho después, cuando el planeta se enfrió.

El oxígeno no surgió hasta pasados mil millones de años, cuando las células simples de los mares del mundo comenzaron a hacer la fotosíntesis, consumiendo dióxido de carbono en presencia de la luz solar; tuvo que pasar más del 90 por ciento de la historia conocida de la Tierra para que la atmósfera empezara a contener algo parecido a la cantidad actual de oxígeno. Esos cielos azules con los que estamos tan familiarizados no se materializaron hasta pasados otros mil millones de años.

Los pequeños detalles importan
En la atmósfera actual hay aproximadamente un 78 por ciento de nitrógeno, un 21 por ciento de oxígeno y un uno por ciento de argón, con algunas trazas de vapor de agua (0,25 por ciento) y dióxido de carbono (0,04 por ciento, pero en aumento). Resulta bastante curioso que esos dos últimos componentes, el vapor de agua y el dióxido de carbono, sean tan vitales para producir la meteorología, el clima y, de hecho, la vida en la Tierra tal y como la conocemos, a pesar de estar presentes en concentraciones tan ínfimas. ¡Sin vapor de agua, no habría nubes, lluvia ni vida! Y aunque hubiera vida, sin dióxido de carbono, estaríamos sepultados en una era glacial casi permanente.

Es el vapor de agua el que se eleva para condensarse y formar las nubes que vemos, y no nos cuesta reconocer su importancia fundamental junto con la del oxígeno. Quizá sea demasiado fácil descartar la influencia del nitrógeno y el argón, pero lo cierto es que todos los gases intervienen en la formación del clima y las nubes que conocemos. Eso se debe a que todos ellos ejercen una presión parcial, que sumada, da la presión total en la superficie de la Tierra según la Ley de Dalton, y su combinación es lo que llamamos «aire».

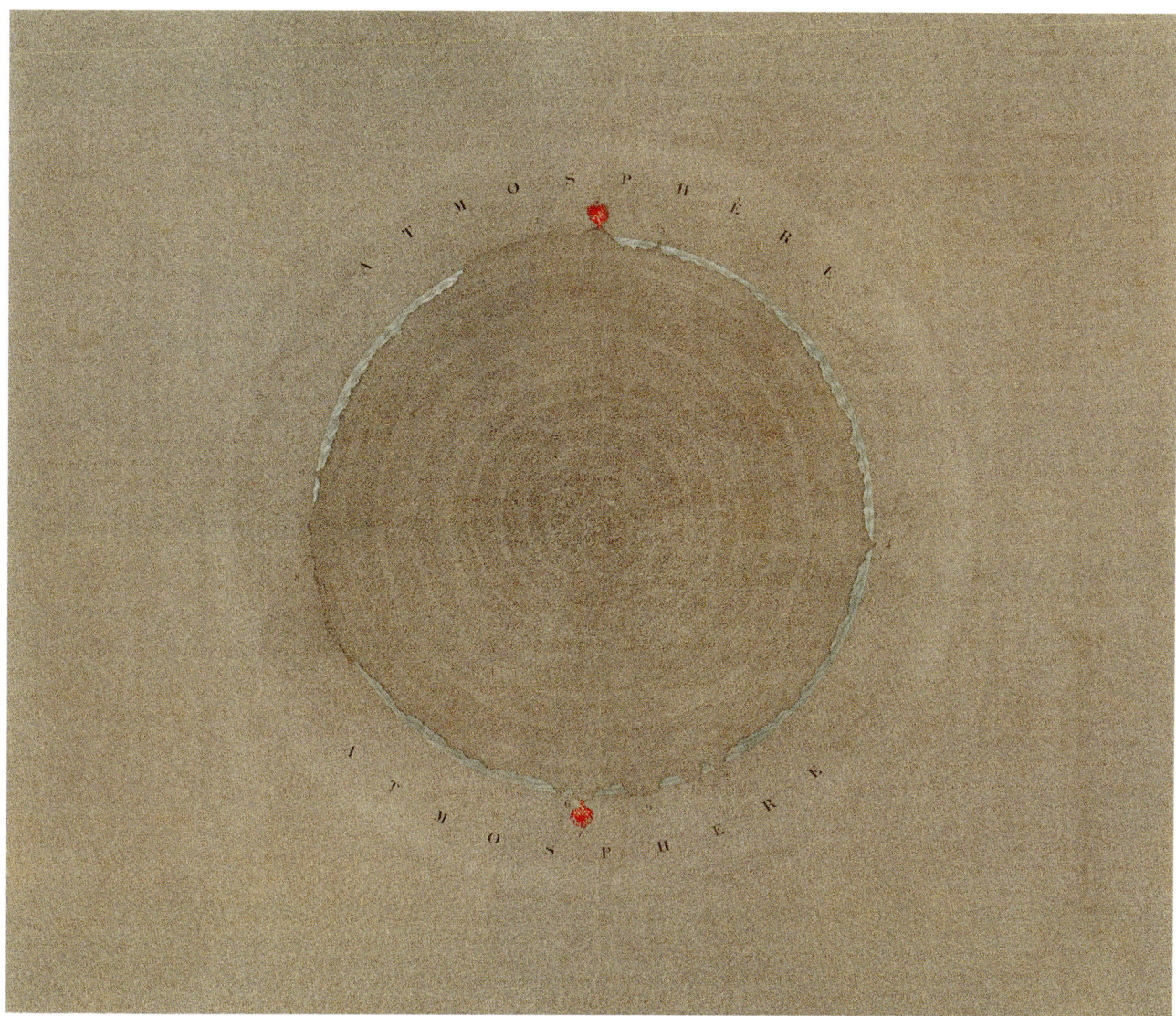

1.

1. ***La Tierra y su atmósfera,***
    de Sigismond Visconti, 1839
    Ésta es quizá la primera
    representación de la atmósfera
    terrestre como esa «delgada línea
    azul» (tal y como la describen
    hoy los científicos de la NASA),
    mostrada como una sección
    transversal con bandas radiales de
    sombreado para ilustrar las capas
    del planeta.

LA ATMÓSFERA

La atmósfera está formada por muchas capas de aire de composición algo diferente, pero de presión atmosférica muy distinta, es decir, la troposfera, la estratosfera, la mesosfera y la termosfera. Cada capa está separada de sus vecinas por un cambio en la tasa de caída (la tasa de cambio de la temperatura del aire con la altura), que controla la estabilidad de las capas y evita, en gran medida, que se mezclen entre sí. El aire es muy comprimible, por lo que su presión disminuye muy deprisa con la altura; la relación es exponencial. Como resultado, más de la mitad de la masa de la atmósfera se encuentra por debajo de una altitud de 5,5 kilómetros (3½ millas), y el 99 por ciento, por debajo de los 30 kilómetros (18½ millas). Por ese motivo, los escaladores de las montañas más altas del mundo deben llevar consigo suministros de oxígeno para sobrevivir a gran altitud el tiempo que sea necesario.

En lo que respecta a las nubes, la que más nos interesa es la troposfera, ya que todo nuestro clima tiene lugar dentro de esa finísima capa que bordea la superficie terrestre; solo tiene entre 8 y 18 kilómetros de espesor, en función del lugar del mundo en el que nos encontremos. También es aquí, aunque solo en los dos o tres kilómetros más bajos, donde los humanos han evolucionado para vivir, respirar, trabajar y morir.

La troposfera contiene todo el vapor de agua atmosférico de la Tierra, la mayor parte del cual se encuentra en una fina capa muy concentrada cerca del suelo. La gran mayoría se encuentra en los trópicos, donde puede alcanzar un máximo del cuatro por ciento en masa, mientras que solo representa el 0,25 por ciento de media en toda la atmósfera. Lo curioso es que la cantidad de vapor de agua que puede contener el aire viene controlada únicamente por la temperatura del aire (de nuevo, se trata de una relación exponencial) y no depende de la presión atmosférica. Esta inflexible dependencia del vapor de agua respecto a la temperatura implica que las corrientes de aire ascendente se saturan casi al instante para formar nubes en la troposfera en cuanto se enfrían lo suficiente.

En la parte superior de la troposfera se encuentra la «tropopausa», que es el límite con la estratosfera suprayacente. Aquí, una fuerte inversión térmica (inversión del descenso habitual de la temperatura con la altura) impide, en su mayor parte, el intercambio de aire entre las dos capas. La altura real de la tropopausa varía un poco de una estación a otra, y entre las regiones polares y los trópicos.

Como el aire es invisible, no podemos ver estas capas de manera individual. Sin embargo, en la capa más baja (la troposfera), las nubes actúan como buenos trazadores del flujo atmosférico y no suelen penetrar más allá de la tropopausa.

La atmósfera terrestre
Esquema de la atmósfera terrestre que indica la altitud de sus distintas capas, con su temperatura y presión aproximadas. El eje vertical no está a escala.

ATMÓSFERA TERRESTRE

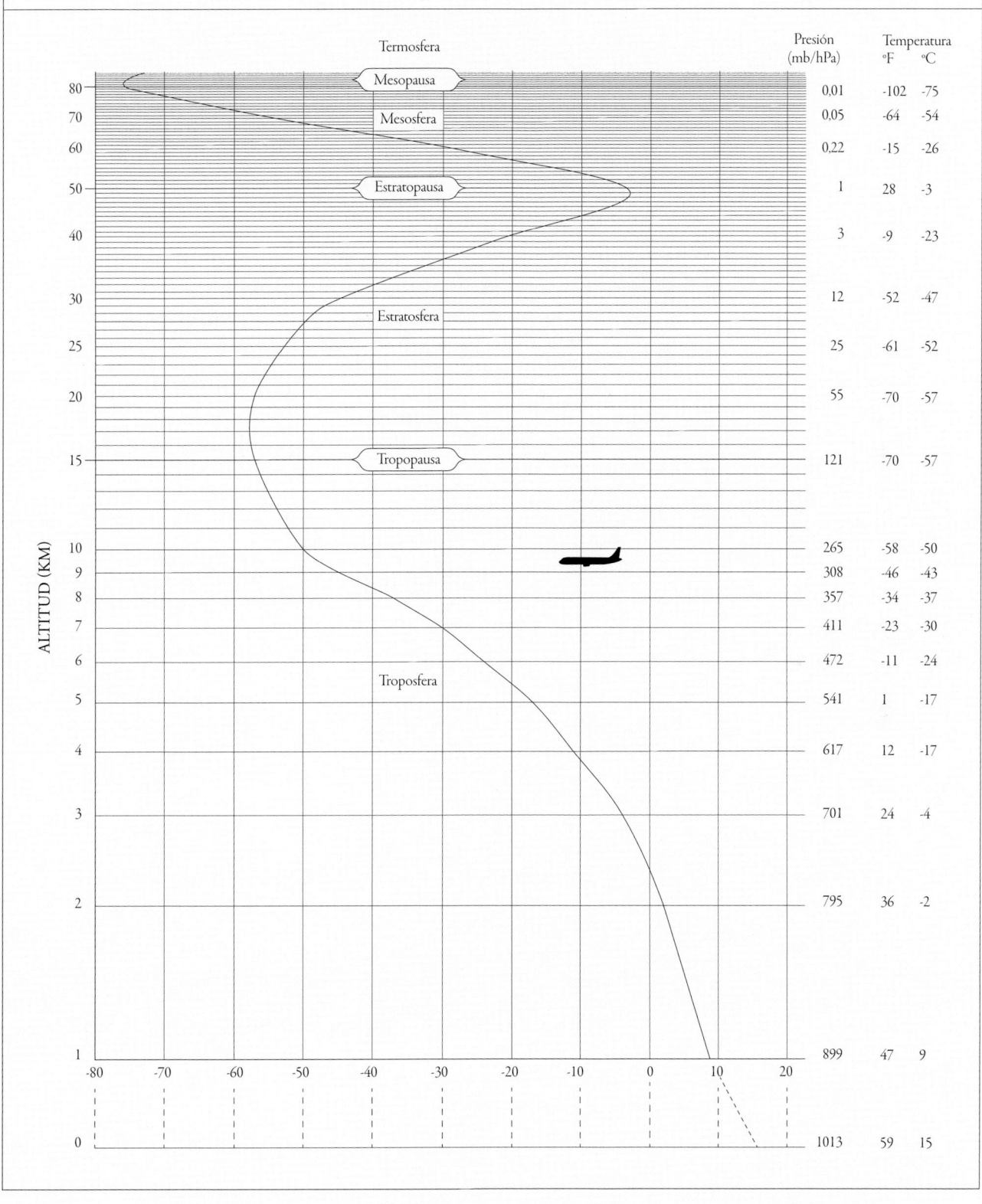

Termosfera

Mesopausa

Mesosfera

Estratopausa

Estratosfera

Tropopausa

Troposfera

ALTITUD (KM)	Presión (mb/hPa)	Temperatura °F	°C
80	0,01	-102	-75
70	0,05	-64	-54
60	0,22	-15	-26
50	1	28	-3
40	3	-9	-23
30	12	-52	-47
25	25	-61	-52
20	55	-70	-57
15	121	-70	-57
10	265	-58	-50
9	308	-46	-43
8	357	-34	-37
7	411	-23	-30
6	472	-11	-24
5	541	1	-17
4	617	12	-17
3	701	24	-4
2	795	36	-2
1	899	47	9
0	1013	59	15

-80 -70 -60 -50 -40 -30 -20 -10 0 10 20

CLASIFICACIÓN DE LAS NUBES SEGÚN SU ALTURA

En la actualidad, la Organización Meteorológica Mundial (OMM) clasifica la altitud de las nubes, aunque de forma un poco arbitraria, en tres categorías principales: nubes de nivel bajo, medio y alto. Estos niveles sólo hacen referencia a la altura de la base de la nube sobre el nivel del suelo, por lo que algunas nubes de gran espesor vertical (por ejemplo, *Nimbostratus* y *Cumulonimbus*) pueden extenderse a lo largo de dos niveles, o incluso de los tres. Sin embargo, se las sigue clasificando por su nivel más bajo.

Cabe señalar que las clasificaciones de la OMM hacen referencia a la altura relativa de las nubes sobre el nivel del suelo circundante, no a su altura absoluta sobre el nivel del mar. Por lo tanto, las nubes *Cumulus* de nivel bajo que se forman sobre altas cadenas montañosas o sobre las llanuras de tierras altas como las mesetas del Colorado o del Tíbet, permanecen clasificadas como nubes de nivel bajo, a pesar del hecho de que pueden estar formándose a la misma altitud, relativa al nivel del mar, que las especies de nubes de nivel medio sobre los océanos.

Además, debido a que la troposfera de las regiones polares es más fría y, por tanto, más densa, los rangos altitudinales utilizados para definir las categorías de nubes de nivel bajo, medio y alto varían bastante entre los trópicos, los subtrópicos, las latitudes medias (regiones templadas) y las latitudes altas (regiones polares, árticas y antárticas). Esto refleja, en parte, el hecho de que en los climas tropicales el nivel de congelación (o glaciación) de las nubes en la atmósfera es muy alto (más de 5-6 kilómetros/3-4 millas), pero se reduce a medida que nos acercamos a los polos.

.

RANGOS DE ALTURA

20 000 m
(65 500 pies)

15 000 m
(50 000 pies)

10 000 m
(33 000 pies)

5000 m
(16 500 pies)

0

Regiones polares   Regiones templadas   Regiones tropicales

Rangos de altura (sobre el nivel del suelo) de las nubes bajas, medias y altas, según la OMM.

NIVEL/REGIÓN	
Nivel alto	
Nivel medio	
Nivel bajo	

NOMENCLATURA DE LAS NUBES

2. Retrato de Luke Howard,
de John Opie
El orden y la clasificación
fueron aspectos importantes
de la ciencia de la Ilustración.
Howard, fascinado desde niño
por el clima y, sobre todo, por
las nubes, clasificó y dio nombre
a distintos tipos de nubes entre
1803 y 1811, aportando bocetos
e ilustraciones.

3. Estudio de nubes, **de Luke**
Howard, ca. 1808–1811
Aquí tenemos una representación
idealizada, casi esquemática,
del *Cumulus mediocris* y el
Cumulus congestus, con sus
características bases planas, que
se elevan verticalmente hacia
un *Cumulonimbus capillatus*
poco profundo, y un «yunque»
(*incus*) simétrico de cima plana.
En la parte superior izquierda,
hay una mancha de *Cirrostratus
cumulonimbogenitus*.

4. Grandes torreones de *Cumulus
congestus/Cumulonimbus calvus
praecipitatio* atraviesan múltiples
capas de *Stratus cumulogenitus* o
Altostratus cumulonimbogenitus.

2.

uke Howard nació en el seno de una acomodada familia cuáquera de Londres (Inglaterra) en 1772. Caballero tranquilo, modesto y sin pretensiones, ejerció de farmacéutico en Fleet Street, en una botica de su propiedad, y más tarde dirigió una empresa farmacéutica al este de Londres.

Durante sus años de formación en un estricto centro educativo donde el aprendizaje del latín primaba sobre otras asignaturas, desarrolló una pasión por la observación del entorno natural, para lo que instaló una pequeña estación meteorológica en el jardín de la casa de sus padres con el objetivo de registrar la temperatura, las precipitaciones y la presión atmosférica. También mostró gran interés por la botánica.

Al igual que otros disidentes protestantes de principios del siglo XIX, los cuáqueros no podían asistir a las universidades inglesas ni formar parte de gremios empresariales. En su búsqueda de estímulos profesionales, Howard se unió a la Askesian Society, un club de debate científico. En diciembre de 1802, presentó ante esta sociedad su artículo *On the Modifications of Clouds* (Sobre las modificaciones de las nubes), que más tarde se publicó como una serie de ensayos en la *Philosophical Magazine*. Los manuscritos se ampliaron posteriormente en forma de cuaderno, que se tradujo al francés y el alemán.

Howard, cada vez más aclamado, prosiguió sus investigaciones meteorológicas. En 1821 fue elegido miembro de la Royal Society. Más tarde, cofundó la Sociedad Meteorológica de Londres, precursora de la Real Sociedad Meteorológica. En 1837 publicó *Seven Lectures in Meteorology*, uno de los primeros manuales de meteorología. Tras residir durante bastante tiempo en Yorkshire, regresó a Londres en 1852, donde vivió hasta la avanzada edad de 91 años.

La simplicidad fundamental de su esquema radicaba en la comprensión intuitiva de que, aunque las nubes tienen muchas formas, de hecho, un número infinito, sólo tienen unas pocas formas básicas o, en palabras de Howard, tres «modificaciones simples». Además, y ese fue el quid de la cuestión, las tres formas básicas podían mutar y «pasar a otra», formando dos «modificaciones intermedias» o dos «modificaciones compuestas». Como resultado, se obtiene un total de siete géneros de nubes diferentes, que puedes encontrar en la tabla de la página 33, y que pueden compararse con el actual *Atlas Internacional de Nubes* de la OMM (página 22), que comprende diez géneros

3.

4.

5.

6.

de nubes diferentes e incluye la mayor parte del sistema original de Howard.

Howard no fue el único que intentó poner nombre a las nubes. Por la misma época, y sin que él lo supiera, Jean-Baptiste Lamarck, zoólogo y miembro de la Academia Francesa de Ciencias, había propuesto cinco categorías de nubes similares a las de Howard, pero con nombres franceses. Lamarck también sugirió que las nubes podían clasificarse según su altitud, una idea atractiva que más tarde adoptaría la Organización Meteorológica Internacional (predecesora de la OMM) en 1896. Sin embargo, sería el sistema linneano de Howard, con los nombres de las nubes en latín, el que acabaría imponiéndose, probablemente debido a la universalidad del latín y a su uso generalizado en la clasificación de las ciencias biológicas, pero también gracias a ese esquema muy sencillo, aunque elegante, de «modificaciones» de las nubes que Howard había concebido de forma tan única. Así que, ¡el latín que tanto tuvo que estudiar acabó siéndole de utilidad!

5. ***Cúmulos agregados en diferentes etapas*, de Luke Howard, ca. 1803-1811**
Cumulus fractus (izquierda), *Cumulus humilis* (centro), *Cumulus mediocris* (derecha), *Cumulus congestus* (detrás), con una pequeña porción de *Stratus cumulogenitus* (a la izquierda del centro).

6. ***Banco de cúmulos iluminado desde atrás por el sol*, de Luke Howard, ca. 1803-1811**
En este caso, Howard pretendía mostrar tanto la forma (figura) del *Cumulu*s como el modo en que las nubes ricas en gotas de agua pueden parecer tanto deslumbrantemente blancas como oscuras y amenazantes, dependiendo de la profundidad de la nube y de la posición del Sol en relación con la nube y el observador.

«Modificaciones» de las nubes de Howard de 1803, y el género y nivel de nubes equivalentes de la OMM.

MODIFICACIONES DE LAS NUBES	
MODIFICACIONES DE LAS NUBES DE 1803	ACTUAL GÉNERO Y NIVEL DE LA OMM*
Cirrus	*Cirrus* (alta)
Cumulus	*Cumulus* (baja)
Stratus	*Stratus* (baja)
MODIFICACIONES INTERMEDIAS	
Cirro-Cumulus	*Cirrocumulus* (alta)
Cirro-Stratus	*Cirrostratus* (baja)
MODIFICACIONES COMPUESTAS	
Cumulo-Stratus	*Stratocumulus* (baja)
Cumulo-Cirro-stratus o *Nimbus*	*Nimbostratus* (baja) y *Cumulonimbus* (baja)

* *Atlas Internacional de Nubes* (2017), OMM

ATLAS INTERNACIONAL DE NUBES

El *Atlas Internacional de Nubes*, publicado por primera vez en 1896, proporciona una norma acordada a nivel internacional para la observación y notificación de los tipos de nubes. Disponer de una norma consensuada fue un paso esencial para el desarrollo de la meteorología como ciencia, porque, si se aspiraba a que las previsiones meteorológicas fueran exactas, era necesario que la información se compartiera deprisa entre países mediante un lenguaje ya establecido.

Desde su publicación inaugural en 1896, el *Atlas Internacional de Nubes* ha sido objeto de revisiones ocasionales, realizadas bajo los auspicios de la OMM, con sede en Ginebra. A pesar de haber transcurrido más de dos siglos desde su publicación, la nomenclatura linneana original de Howard ha perdurado, aunque se haya sometido a cambios y adiciones. Por ejemplo, en 1870, Émilien Renou, director del observatorio de Saint-Maur-des-Fossés, en Francia, propuso la introducción de *Altocumulus* y *Altostratus* para reflejar su estatus separado de nivel medio, por encima de las nubes de nivel bajo *Stratus* y *Cumulus*, pero por debajo del *Cirrus* de nivel alto. El meteorólogo francés Philip Weilbach propuso el *Cumulonimbus* como nube independiente en 1880. En el Congreso Meteorológico Internacional de 1896 se adoptaron las definiciones de nubes bajas, medias y altas sugeridas por Lamarck en 1802. En 1930, la Comisión Internacional para el Estudio de las Nubes aceptó *Nimbostratus* como otro género distinto.

El atlas sufrió el mayor número de cambios de su historia en su versión más reciente, publicada en línea en 2017, cuando se adoptaron doce nuevos nombres de variedades, rasgos suplementarios y nubes accesorias, fiel reflejo de la rápida aparición de la tecnología de los teléfonos inteligentes y la fotografía digital, así como de las iniciativas de ciencia ciudadana durante las dos primeras décadas del siglo XXI, que proporcionaron pruebas claras e inequívocas de algunas nubes raras, inusuales y locales que hasta entonces eran poco conocidas, además de las nubes relacionadas con la actividad humana. Las revisiones totales comprenden una nueva especie de nube (*volutus*, página 198), cinco nuevos rasgos suplementarios (*asperitas*, *cavum*, *murus*, *cauda* y *fluctus*, página 198), un nuevo tipo de nube accesoria (*flumen*) y cinco nuevas nubes «madre» especiales (*cataractagenitus*, *flammagenitus*, *homogenitus*, *homomutatus* y *silvagenitus*, página 194).

En total, el actual *Atlas Internacional de Nubes* contiene 10 géneros de nubes distintos, 15 especies, 9 variedades, 11 rasgos suplementarios y 4 nubes accesorias. Las especies, variedades, rasgos suplementarios y nubes accesorias pueden considerarse simples «modificaciones» adicionales de las de Howard.

7. **Nimbus, del *Atlas Internacional de Nubes*, 1896**
En la actualidad, probablemente se clasificaría como *Nimbostratus virga pannus*.

8. **Stratus, del *Atlas Internacional de Nubes*, 1896**
Aunque capta muy bien la expresión monótona, sin rasgos y gris del *Stratus*, los agujeros en forma de lente de la nube, con el cielo azul más allá, indican una clara influencia de las ondas de montaña, por lo que hoy la nube se clasificaría más estrictamente como *Stratocumulus lenticularis*.

NIMBUS

Fig. 13.

7.

STRATUS

Fig. 27.

8.

SÍMBOLOS
DE LAS NUBES

Para que un informe meteorológico sea de utilidad, la información sobre el desarrollo y la evolución de las nubes debe transmitirse *con mayor rapidez que la velocidad de propagación del propio clima*, y también debe comunicarse en un lenguaje o código que sea fácil de componer y descifrar. Esto no se convirtió en algo rutinario ni el coste se hizo asumible hasta que se inventó el telégrafo, a mediados de la década de 1830.

En 1849, en Norteamérica, la Smithsonian Institution ayudó a establecer la primera red meteorológica que informaba por telégrafo. Para 1860, la red ya contaba con 500 estaciones de información diaria.

En Gran Bretaña e Irlanda, el almirante Francis Beaufort, de la Royal Navy, desarrolló por primera vez una escala estandarizada para la notificación de la velocidad del viento (la Escala de Beaufort), así como para la recopilación de datos meteorológicos en formatos abreviados y codificados. En 1854, se designó al vicealmirante Robert Fitzroy para dirigir un nuevo departamento que se encargaría de reunir datos meteorológicos y que más tarde se convertiría en la Met Office. En 1859, tras una tragedia naval, Fitzroy amplió este servicio a las predicciones a corto plazo mediante un método analógico basado en la extrapolación del movimiento de los sistemas meteorológicos y sus patrones comunes. Fitzroy acuñó el término «previsión meteorológica» para describir sus intentos, que empezó a publicar en *The Times* a partir de 1861.

Incluso antes de que Luke Howard propusiera su sistema linneano para la nomenclatura de las nubes (página 30) en 1803, los científicos se habían dado cuenta de que era necesario un sistema de información meteorológica y nubosa simple, conciso y consensuado a escala internacional. En 1771, Johann Heinrich Lambert propuso una serie de símbolos elementales para describir el cielo cubierto, la niebla, las precipitaciones o los truenos. Más tarde, Howard, en su tratado de 1803, propuso un sencillo conjunto de guiones, trazos y semicírculos para representar los principales tipos de nubes, cuyos ecos pueden encontrarse en el actual *Manual de códigos* de la OMM, aceptado internacionalmente. Durante muchas décadas a lo largo del siglo XX, y hasta mucho después de los albores de la era informática, una generación de meteorólogos tácitos trazaba laboriosamente estos símbolos a mano en grandes mapas sinópticos, a veces cada hora, día y noche, tras descifrar los códigos telegráficos y de teletexto de cada estación meteorológica disponible. En la actualidad, esta tarea está, en su mayor parte, informatizada.

Abreviaturas de las nubes de la OMM y sus respectivos símbolos para cada uno de los diferentes diez géneros de nubes.

ABREVIATURAS DE NUBES DE LA OMM		
ESPECIES	ABREVIATURA	SÍMBOLO
Cirrus	Ci	
Cirrocumulus	Cc	
Cirrostratus	Cs	
Altocumulus	Ac	
Altostratus	As	
Nimbostratus	Ns	
Stratocumulus	Sc	
Stratus	St	
Cumulus	Cu	
Cumulonimbus	Cb	

Ruskin criticó con dureza
la industrialización por
considerarla responsable de
la degradación moral, social y
medioambiental de su época.
Aborrecía la contaminación
generada por las fábricas
victorianas e incluso podemos
considerarlo uno de los primeros
defensores de la lucha contra
la crisis climática. Su cuadro
Tras la nube de tormenta es una
expresión de los amenazadores
y antinaturales patrones
meteorológicos que Ruskin
atribuía al cambio climático, que
temía que alterara el paisaje de
Inglaterra para siempre.

GEOMETRÍA DE LAS NUBES

Si, por un momento, dejamos a un lado a Pitágoras, podremos usar un significado bastante laxo y creativo del término «geometría», y utilizar la palabra para describir las diversas formas y estructuras efímeras de las nubes, que crecen, se desarrollan y se descomponen sin parar frente a nuestros ojos.

La mayoría de las nubes crecen mediante dos procesos: por convección o por elevación suave. Ambos procesos provocan el enfriamiento del aire y, si es lo bastante húmedo, su saturación provoca la formación de una nube. La convección es el mismo proceso que la flotabilidad y hace referencia al rápido ascenso de burbujas de aire húmedo en la atmósfera, provocado por el calentamiento desde abajo. Aunque cada térmica individual se eleva de forma turbulenta y un tanto caótica, en masas de aire bien mezcladas que se mueven sobre terreno liso, estas idiosincrasias locales se promedian, y dan lugar al desarrollo de patrones regulares tanto en el plano horizontal como vertical, tales como el espaciado regular de las calles de nubes *Cumulus* (página 96), la naturaleza fractal repetitiva de sus torreones *Cumulus* ascendentes, o sus bases planas y niveladas (página 98).

Por el contrario, la elevación suave se produce en los límites de las masas de aire, por ejemplo, a lo largo de un frente meteorológico en el que el aire frío, seco y denso se ve anulado por una masa de aire cálido, húmedo y menos denso que avanza, provocando condensación y, por lo general, nubes estratiformes. Cuando el aire ascendente ya no puede subir más, puede volver a descender o, como suele suceder en la mayoría de los casos, se extiende lateralmente, formando capas de nubes generalizadas. Los cambios de temperatura, humedad, velocidad y dirección del viento en función de la altura, así como la presencia de obstáculos como montañas, influyen en el flujo de aire en estas circunstancias y pueden dar lugar a patrones regulares, como las nubes onduladas (página 154) o las nubes de ondas de montaña (páginas 158-159).

Los patrones geométricos y las similitudes que se observan en las nubes son sólo un ejemplo más de los patrones regulares que suelen aparecer en el mundo natural, por ejemplo, en las conchas de amonites, la hoja de un helecho, las rayas de una cebra o las columnas hexagonales de basalto de la Calzada del Gigante de Irlanda. A primera vista, todo parece actuar en contra de la dirección general de la entropía (medida de la cantidad de energía no disponible para hacer trabajo) del universo, que tanto los cosmólogos como las leyes de la termodinámica dicen que nos empuja hacia un estado de desorden cada vez mayor.

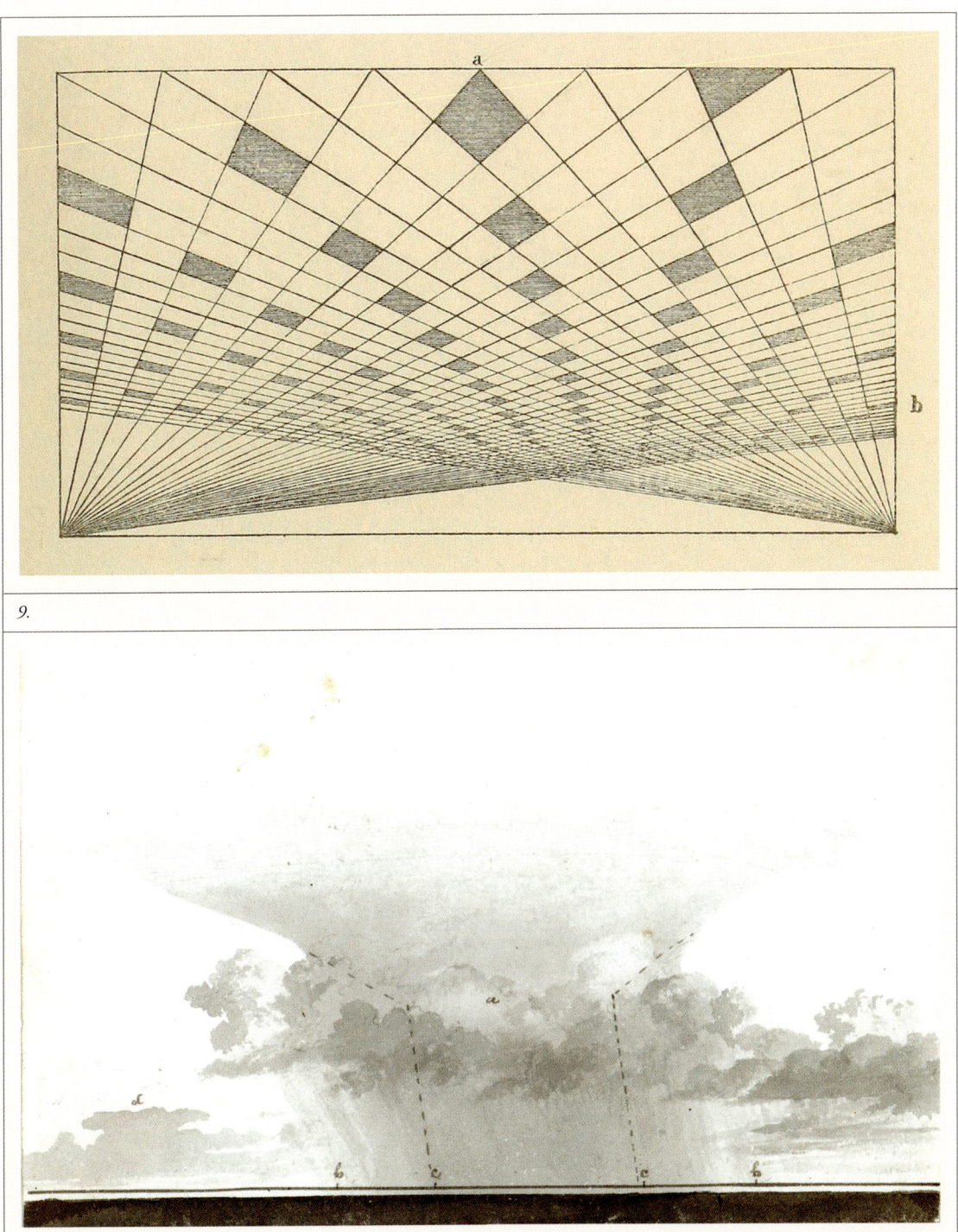

9.

10.

9. **Perspectiva de nubes (rectilínea), de John Ruskin, 1860**
En *Modern Painters* (1860), Ruskin propuso un sistema perspectivo para aportar «adherencia ordenada» a las nubes. La mayoría de las nubes siguen esta disposición geométrica (aunque no todas).

10. ***Cumulus y Nimbus*, de Luke Howard, ca. 1803**
En la actualidad, la clasificaríamos como *Cumulonimbus capillatus incus praecipitatio* (un *Cumulonimbus* congelado con un yunque simétrico en la parte superior y precipitaciones que claramente llegan al suelo).

11.

11. ***Colinas y cielo*, de John Ruskin, sin fecha**

En este clásico de Ruskin, colina y cielo se reflejan
mutuamente, representando condiciones cercanas
al amanecer o el atardecer. Un banco de *Stratus* o
Stratocumulus bajo, casi ondulado, incide sobre la cima de la
colina (derecha), tal vez creado por la propia colina (especie
lenticularis), debido a que el aire se ve obligado a elevarse
sobre ella. A la izquierda, se ven parches de *Stratus fractus*.
A mayor altura, a través de los huecos de la nube inferior,
podemos ver un manto fragmentado de (probablemente)
Altocumulus stratiformis, con aberturas de tragaluz que
revelan una penumbra azul pálido al otro lado.

6

5

4

3

«Quizá se pueda introducir
una nomenclatura metódica
aplicable a las diversas formas
de agua en suspensión o,
en otras palabras, a las
modificaciones de las nubes».

Luke Howard, *On the Modifications of Clouds*, 1803

2

1

LA
CIENCIA
DE LAS
NUBES

Cuando el aire frío del Ártico se desplaza sobre aguas oceánicas más cálidas, las térmicas húmedas no tardan en elevarse, exportando calor y humedad hacia arriba para formar calles de nubes (líneas paralelas, variedad *radiatus*), que se van agrandando aguas abajo.

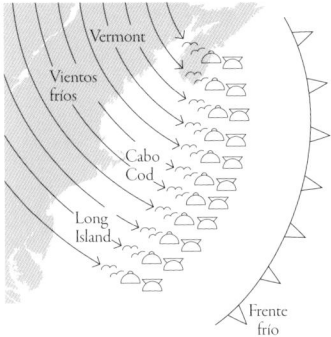

Tras unos 50 u 80 kilómetros (30-50 millas), las nubes se desarrollan.

FLOTABILIDAD

Cuando se sumerge una pelota llena de aire, al ser menos densa que el agua, se ve expulsada hacia la superficie.

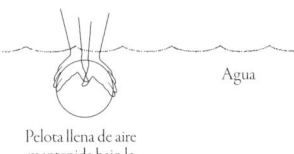

Agua

Pelota llena de aire mantenida bajo la superficie

La pelota sale disparada hacia arriba

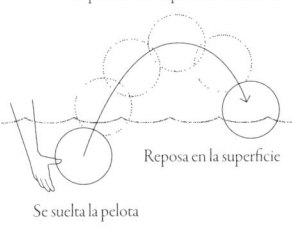

Reposa en la superficie

Se suelta la pelota

ESTABILIDAD E INESTABILIDAD

El principio de estabilidad atmosférica es clave para comprender la formación de las nubes, al igual que su equivalente directo, la inestabilidad. Una atmósfera estable es aquella en la que el ritmo normal de descenso de la temperatura del aire con la altura se reduce o incluso se invierte, creando una capa estable o una inversión que detiene el desarrollo vertical de las nubes. Por el contrario, una atmósfera inestable es aquella en la que la temperatura del aire disminuye muy deprisa con la altura; si esta tasa de descenso de la temperatura supera los 0,98 °C por cada 100 metros (5,4 °F por cada 1000 pies) de altura, conocida como «tasa de caída adiabática seca», el aire seco se eleva por voluntad propia. A veces lo vemos en una tarde calurosa de verano, cuando las corrientes de aire caliente se elevan deprisa por encima de un terreno caliente.

Por lo tanto, el perfil vertical de la estabilidad y la inestabilidad atmosféricas no sólo controla si el aire comienza a elevarse, sino también si continúa elevándose tras la formación de una nube. Por ejemplo, si el aire que asciende en un entorno inestable se encuentra con una capa de aire estable durante el ascenso, su trayectoria ascendente puede verse frenada, lo que a su vez puede provocar que el aire ascendente se disperse lateralmente o regrese a la Tierra y se vuelva a evaporar.

El principio de estabilidad

En esencia, el principio de estabilidad, o más bien su opuesto directo, la inestabilidad, es el mismo que el de la flotabilidad: el aire caliente sube por voluntad propia hasta que se ve rodeado por aire con la misma densidad, del mismo modo que una pelota inflada, al sumergirla, se encuentra con que es menos densa que el agua, lo que la obliga a subir a la superficie (véase el diagrama de la izquierda). El aire estable no asciende libremente, ya que no es lo bastante ligero. Si, por ejemplo, el viento que pasa por encima de una montaña lo empuja hacia arriba, tenderá a hundirse por el otro lado, oscilando un poco en el proceso.

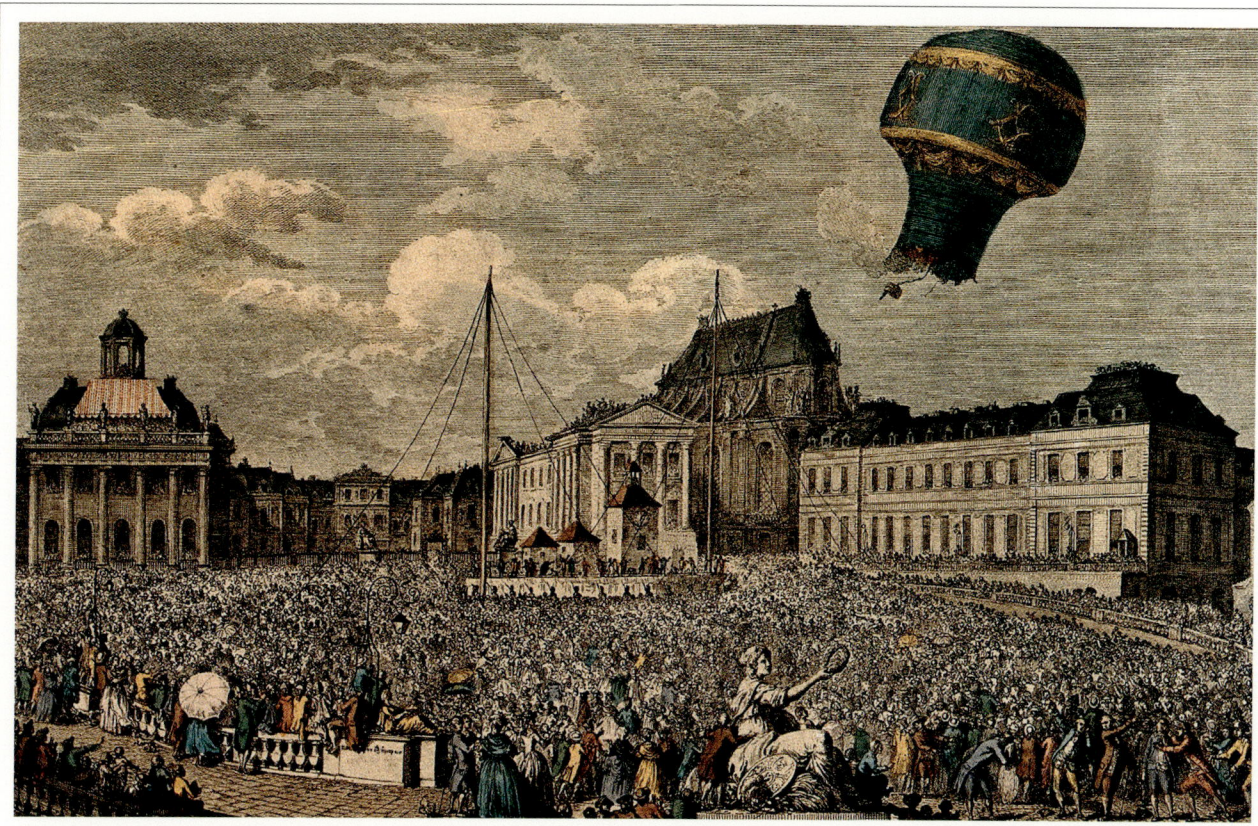

1.

EL DESCUBRIMIENTO DE LA ESTABILIDAD ATMOSFÉRICA Y LAS NUBES

En la década de 1750, los científicos y filósofos de la naturaleza de la Ilustración ya habían descubierto las leyes del movimiento (Isaac Newton, 1687), el calor latente del agua (Joseph Black, 1750) y que los rayos son eléctricos (Benjamin Franklin, 1751), pero aún no habían captado todo el potencial del principio de estabilidad atmosférica. Habría que esperar hasta 1783, cuando los hermanos Montgolfier utilizaron un globo aerostático para explotar la física fundamental de la atmósfera y realizar el primer vuelo aeronáutico del mundo en el Palacio de Versalles, ante Luis XVI y más de 100 000 espectadores. No se establecería un linaje completo de nubes, basado en la forma, la altura y la textura, hasta un siglo después, tras la publicación de *Modifications of Clouds*, de Luke Howard, en 1803.

1. **Globo aerostático de los hermanos Montgolfier**
Grabado en color de un ascenso en globo por los hermanos Montgolfier en Versalles, Francia, en 1783.

¿QUÉ ES UNA NUBE?

¿Alguna vez has estirado la mano en la cima de una montaña para intentar tocar una nube y te has sentido decepcionado? ¿O has hecho lo mismo en un día de niebla para terminar sintiendo que no llegas a nada? Entonces, ¿qué es una nube? ¿Cómo es posible que esas «aéreas nadas» parezcan formarse, crecer, disiparse y volver a desarrollarse ante nuestros ojos? ¿Acaso pueden definirse con precisión en algún momento? ¿O, como la mayoría de las cosas de la naturaleza, representan la evolución de un proceso continuo que crece, cambia y muere para renacer poco tiempo después?

La realidad es que, aunque todos sabemos lo que es una nube, no existe una definición científica exacta. Esto se debe a que es imposible decir, con la precisión determinista que requiere la ciencia, cuándo un grupo de gotas de nubes o cristales de hielo se vuelve lo bastante denso como para dar lugar al término más bien nebuloso de «nube». Si fuera posible, seguiríamos enfrentándonos a muchas otras cuestiones. ¿Qué tamaño debería alcanzar? ¿Cuánto debería durar? ¿Debería ser un objeto visible o simplemente percibirse? ¿Debería ser detectable en otras longitudes de onda no visibles, como la luz infrarroja? ¿A qué intensidades y en qué límites de estas longitudes de onda? Esta falta de precisión podría considerarse algo vergonzosa para la ciencia, pero quizás también suponga una victoria para las artes y las humanidades.

Parece que la mejor definición que puede ofrecerse, al menos desde el punto de vista científico, es la que describe las nubes como una miríada de minúsculas gotas de agua o cristales de hielo, conocida colectivamente como «hidrometeoros», suspendidos en la atmósfera y en continua evolución, visible o percibida, y que actúan influyendo en el tiempo cotidiano tal como lo experimentamos.

2. ***El caminante sobre el mar de nubes**, de Caspar Friedrich, 1818*
Esta obra maestra del movimiento romántico es más artística que meteorológica, interpretada como una reflexión mientras se transita por el camino de la vida. Los «mares» de niebla o *nebelmeer*, como se conocen en Suiza y Alemania, suelen aparecer en invierno, cuando los Alpes se elevan, majestuosos, por encima de las capas bajas de *Stratus*, con frecuencia persistentes y estancadas.

TODO LO QUE SUBE...

Estamos acostumbrados a oír la frase «Todo lo que sube, baja» en referencia a la ley de gravitación universal de Isaac Newton, pero rara vez pensamos en ella en relación con las nubes. Y, sin embargo, ¿cómo es posible que esas inmensas catedrales del cielo, que sobrevuelan silenciosas nuestras cabezas, no se vean afectadas por las mismas leyes de la gravedad que mantienen a las manzanas y a los seres humanos atados a la superficie terrestre?

La realidad científica del asunto puede resultar un tanto sorprendente: en realidad, las nubes siempre están cayendo. De hecho, caen tanto como suben. La broma que nos gasta la naturaleza es que, aparte de cuando llueve, no solemos verlas «caer» y, por lo general, sólo las vemos elevarse. Esto se debe a que las nubes sólo se vuelven visibles cuando el aire asciende; son trazadoras eficaces del aire que está ascendiendo o que hace poco que ha ascendido.

Las nubes son la manifestación tanto del movimiento hacia arriba del aire como de su enfriamiento simultáneo. El aire ascendente se expande al encontrarse con una presión atmosférica más baja en su camino hacia las alturas. Esta expansión provoca un enfriamiento (algo que se puede percibir al apretar la válvula de un neumático comprimido) denominado «enfriamiento adiabático». El aire más cálido inicial era invisible antes de empezar a subir y enfriarse. Sin embargo, el aire frío es incapaz de retener tanta humedad como el aire caliente, por lo que el exceso de humedad se condensa en el aire formando pequeñas gotas o cristales de hielo, que a una escala lo bastante grande forman... una nube.

Estas incipientes gotitas de nube suelen ser muy pequeñas, con diámetros de tan sólo 2 a 5 micras, o milésimas de milímetro, similares al tamaño de los granos de polen de las especies arbóreas más comunes. Y, al igual que el resto de objetos con masa, experimentan la atracción de la gravedad. Sin embargo, dado su diminuto tamaño, caen hacia la Tierra a velocidades terminales muy reducidas; las gotas de nube más grandes descienden a sólo unos milímetros por segundo, una velocidad que puede ser superada con facilidad por las corrientes de aire ascendentes dentro de una nube en desarrollo.

3.

3. ***Estudio de nubes (atardecer),* de Simon Denis, ca. 1786-1806**

Nubes *Cumulus congestus* formándose en un entorno atmosférico inestable. El cielo azul intenso sugiere una ráfaga de aire polar en otoño o invierno, cerca del océano. Denis empleó aquí una franja mínima de suelo para resaltar la impresionante altura y el alcance de una formación nubosa. Mientras que las partes más altas y distantes de estas nubes están representadas a plena luz del sol, las rupturas dentro de ellas están bordeadas por el rosa del atardecer. Para registrar estos efectos fugaces, Denis pintaba deprisa y sin hacer un dibujo previo. El estudio fue pintado en Roma o sus alrededores.

4.

5.

... BAJA

Por lo tanto, las nubes «caen» todo el tiempo, pero resulta casi invisible para nuestros ojos. Sólo vemos que se produce cuando se acerca un fuerte aguacero o chaparrón, más bien inquietante, a modo de cortina oscurecida de precipitaciones, o *virga*. En esta situación, la nube cae en forma de lluvia, granizo o nieve, pero es probable que se vuelva a formar en el borde de ataque de la tormenta, no muy lejos, y el proceso puede repetirse una y otra vez.

Por lo general, las nubes simplemente se evaporan, ya que el movimiento descendente calienta el aire a medida que van bajando debido a la mayor presión atmosférica encontrada y eso provoca un calentamiento adiabático por compresión. Al final, la nube acaba desapareciendo, con frecuencia con bastante rapidez. Eso no significa que el aire deje de descender en el punto en que la nube deja de ser visible, sino que ya no podemos ver su movimiento.

El descenso del aire puede iniciarse por el simple vuelco de los vórtices ascendentes de las térmicas de aire, por ejemplo, en las nubes *Cumulus*, que arrastran y tiran hacia abajo del aire más seco superior a medida que ascienden, lo que permite la evaporación y el consiguiente enfriamiento y, por tanto, favorece un movimiento descendente. Este proceso da lugar a la característica forma de coliflor de un *Cumulus congestus* bien desarrollado. En ocasiones, el vuelco de una nube puede deberse exclusivamente a los efectos de la radiación, es decir, al proceso por el cual la parte superior de una nube, por lo general una nube estratificada como *Stratus* o *Stratocumulus*, se enfría en el espacio, del mismo modo que la superficie de la Tierra se enfría bajo un cielo nocturno despejado. Esto provoca una flotabilidad negativa: el aire frío se hunde, arrastrando consigo aire más seco hacia la nube, evaporándola un poco.

A escala local o más regional, el aire también se hunde tras atravesar una cadena montañosa, lo que vuelve a provocar el calentamiento adiabático del aire y la evaporación de las nubes. Las colinas y montañas orientadas en dirección contraria al viento en las latitudes medias suelen ser mucho más nubosas y húmedas que las tierras bajas circundantes, ya que son extractores muy eficaces de la humedad del aire. Como consecuencia, las zonas de sotavento (a favor del viento) suelen ser mucho más secas y a menudo menos cubiertas debido al descenso local del aire.

Los grandes anticiclones, o zonas de altas presiones, cubren áreas muy amplias, a veces incluso de escala continental, y están compuestos por aire descendente. En estos enormes «bloques» de aire descendente, la velocidad de caída del aire es muy suave, por lo general de tan sólo unos pocos milímetros o centímetros por segundo, pero suele bastar para evaporar la mayoría de las nubes de nivel alto y medio, mientras que las nubes de nivel bajo se mantienen cerca de la superficie.

El mismo mecanismo opera en los rasgos hemisféricos casi permanentes de los subtrópicos, conocidos como células de Hadley, en los que el aire superior que se ha originado en células convectivas de *Cumulonimbus* en los trópicos se mueve hacia uno de los polos y comienza a hundirse en latitudes de alrededor de 25-30 ° N/S.

4. ***En Hailsham, Sussex: se acerca una tormenta*, de Samuel Palmer, 1821**
Grandes torreones de *Cumulus congestus* (derecha) ya se han acumulado en un fuerte chubasco (centro e izquierda), con una pronunciada y oscura cortina de fuerte precipitación (*virga*) que avanza de izquierda a derecha (como indica la inclinación de la *virga*). ¡Sin duda esta nube está cayendo a toda velocidad!

5. ***Nubes altas sobre el Hudson*, de Frederic Edwin Church, 1870**
Dos células de *Cumulonimbus calvus* se elevan sobre el paisaje y reflejan la luz del atardecer. Deben estar a cierta distancia del artista, ya que sus bases están oscurecidas, aunque la visibilidad de la superficie también está restringida por una neblina marrón en el lado más alejado del lago. En la atmósfera azul pálido y húmeda del atardecer se aprecian algunos *Cirrus* o *Cirrostratus* (arriba a la derecha).

EQUILIBRIO HIDROSTÁTICO

Esquema del equilibrio hidrostático

El aire no «flota» ni es «ligero como una pluma». Como toda materia, tiene una masa, con una densidad aproximada de 1/1000 de la del agua dulce a nivel del mar. Y al igual que todos los objetos con masa, la gravedad atrae a la atmósfera hacia la superficie de la Tierra. Al mismo tiempo, dado que el aire es comprimible, la presión atmosférica es mayor en la superficie y va disminuyendo con la altitud. Este gradiente vertical de presión intenta empujar la atmósfera hacia arriba, en oposición directa a la gravedad. El efecto neto es un estado casi estacionario en el que ambas fuerzas se anulan mutuamente en equilibrio hidrostático. De vez en cuando se producen pequeñas desviaciones locales cerca de sistemas meteorológicos fuertes y cuando el aire atraviesa colinas y montañas, pero por lo general se apaciguan al cabo de unas horas (representadas como pequeñas oscilaciones en el esquema de la página siguiente).

Cuando la atmósfera se encuentra en un estado estable de equilibrio entre las dos fuerzas principales que actúan sobre ella, es decir, la fuerza del gradiente vertical de presión (que la empuja hacia arriba desde la alta presión en la superficie hacia la baja presión en la altitud) y la gravedad (que tira de ella hacia abajo, en dirección al centro de la Tierra), decimos que se encuentra en un estado de «equilibrio hidrostático», lo que significa que está en equilibrio vertical o «tranquila».

El equilibrio hidrostático es el estado normal de las cosas en la atmósfera y es la razón por la que las velocidades horizontales del viento son mucho mayores que sus velocidades verticales, por lo general en dos órdenes de magnitud o más. Esta situación se da casi de manera universal en toda la Tierra, con la única excepción de las corrientes ascendentes potentes pero muy localizadas de las tormentas eléctricas, cuando las velocidades verticales del viento se aproximan a las de los vientos superficiales con fuerza de tormenta, pero se trata de desviaciones breves y poco frecuentes de la norma.

Como ejemplo clásico podríamos citar cuando un viento constante, moderado y horizontal empuja al aire seco y estable hacia una cadena de colinas y, tras ascender a la cresta de la cumbre, vuelve a descender a su posición inicial en el lado de sotavento de forma bastante suave y ondulada. De hecho, los movimientos ondulatorios suelen continuar hacia abajo de manera oscilatoria durante decenas o, incluso, cientos de kilómetros, formando nubes *lenticularis* de «onda de montaña» (página 156) si el perfil troposférico es adecuado, antes de disiparse poco a poco.

Estas nubes ondulatorias demuestran a la perfección cómo la atmósfera intenta siempre volver a su estado normal de equilibrio hidrostático, aunque no ocurra de inmediato, del mismo modo que, cuando se arroja un guijarro a un estanque de agua, la oscilación tarda un poco en apaciguarse antes de que se restablezca el equilibrio hidrostático.

EL EQUILIBRIO HIDROSTÁTICO AMORTIGUA LAS OSCILACIONES VERTICALES

Aire empujado hacia arriba debido al gradiente barométrico

P

El equilibrio hidrostático amortigua las oscilaciones verticales en unas horas

Menor presión en el borde del espacio

Menor nivel de presión

Mayor nivel de presión

Mayor presión en la superficie debido a la mayor masa

G

La gravedad atrae la atmósfera hacia la Tierra

La gravedad actúa hacia el centro de la masa terrestre

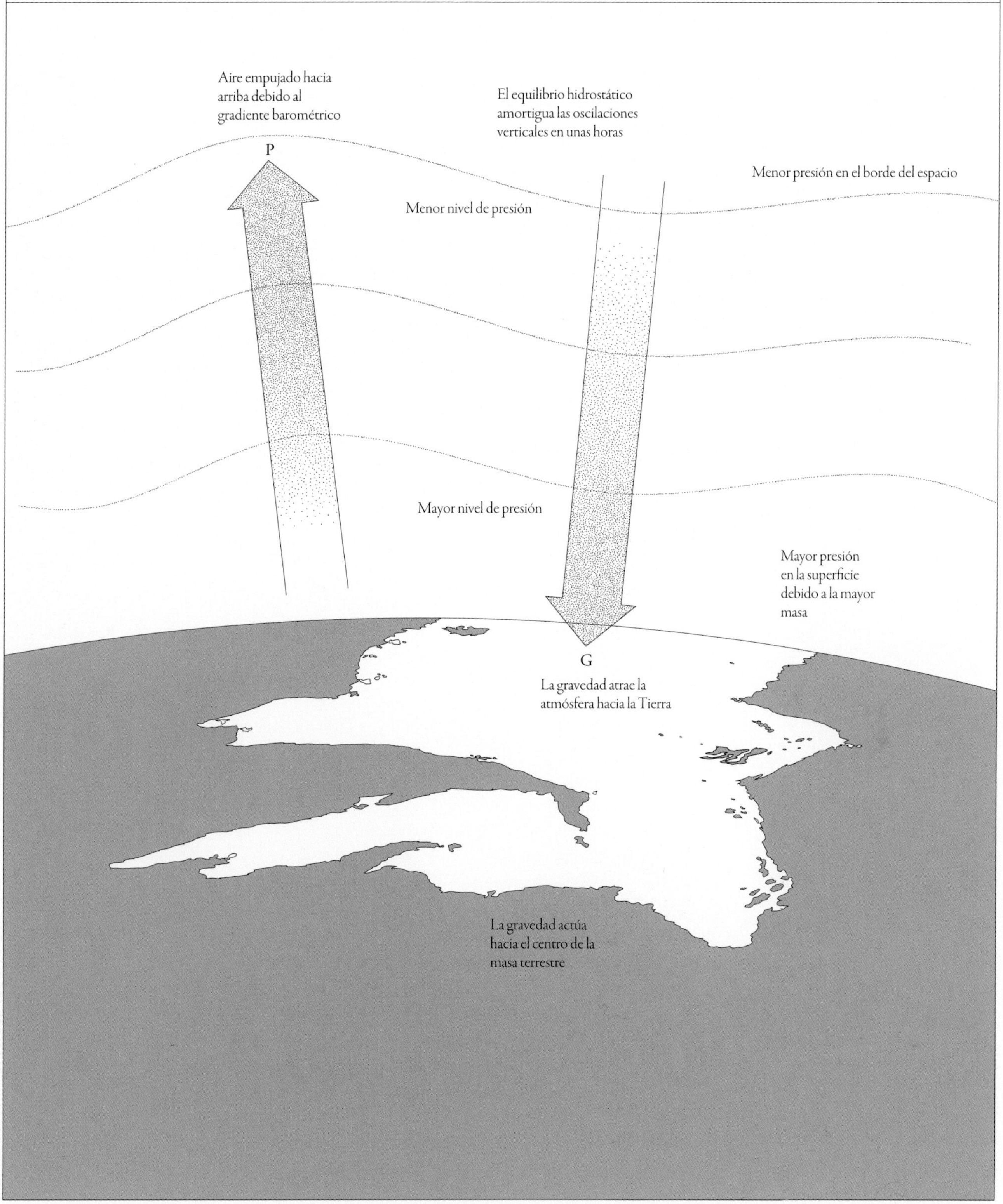

Fig. A

Ángulo estrecho
para escapar

Fig. B

Ángulo ancho para escapar

Evaporación
Representación esquemática de
moléculas de agua (Fig. A) sobre una
superficie plana y (Fig. B) sobre una
superficie curva. Las moléculas en
(A) están más unidas, mientras que
en (B) la evaporación (escape) es más
fácil. Por eso es necesario un mayor
porcentaje de saturación para evitar
que las gotas se evaporen.

NÚCLEOS DE CONDENSACIÓN DE NUBES

A pequeña escala, ocurren cosas extrañas. Eso es así incluso sin tener que reducir el tamaño a las dimensiones cuánticas de los *quarks* o el bosón de Higgs, que tiene un radio aproximado de 10^{-18} metros y una masa de unos 10^{-27} kilogramos. En la formación de nubes, lo importante es el tamaño de los componentes más pequeños implicados.

En su forma original, los CNC pueden ser sólidos o líquidos y suelen estar compuestos por partículas submicroscópicas de aerosol, como sal marina, polvo o compuestos volátiles procedentes de la combustión. Aunque no podemos verlos directamente, están a nuestro alrededor, con una concentración media de alrededor de 1 millón por cada 3,8 litros (un galón) de aire. Sin ellos no tendríamos nubes ni lluvia.

Invisibles

Los CNC se originan en gran medida en la superficie terrestre. Pueden permanecer suspendidos en la atmósfera durante muchos días antes de caer o ser arrastrados, y la tierra y el mar los reponen constantemente. En términos de masa, la mayoría son extraordinariamente pequeños, con un peso de entre 10^{-16} gramos (una décima de una cuatrillonésima de gramo) y 10^{-13} gramos (una décima de una trillonésima de gramo). En cuanto a su tamaño, suelen ser más cortos que la longitud de onda de la luz visible, que es de 380-700 nm o 0,38-0,70 micras. Por lo tanto, son invisibles a simple vista e imposibles de ver con un microscopio óptico; sólo son perceptibles con un microscopio electrónico de barrido.

¿Qué tienen que ver estas diminutas partículas con la formación de las nubes? Pues bien, da la casualidad de que, al vapor de agua, como gas que es, le cuesta condensarse por voluntad propia en la atmósfera libre, incluso cuando el aire está muy sobresaturado (con una humedad relativa superior al cien por cien). De hecho, la condensación espontánea de las gotas de agua de las nubes no se produce hasta que se alcanzan sobresaturaciones muy elevadas (y muy poco naturales) de varios cientos por ciento.

6.

Escapando de los vecinos

Además, la presión parcial del vapor de agua, que determina con exactitud cuándo se produce la condensación o la evaporación, es menor en la superficie esférica de una gota de agua curva que en la de una superficie plana (porque hay menos moléculas vecinas que «sujeten» a la molécula en una superficie curva que en una plana y cada vez más en el caso de las gotas más pequeñas; véase el diagrama). Eso significa que es más que probable que cualquier condensación espontánea de agua líquida vuelva a evaporarse al instante. El vapor de agua, como gas que es, necesita mucha ayuda para condensarse en gotitas y permanecer en el aire el tiempo suficiente como para que se pueda formar una nube incipiente. Esta ayuda son los CNC, que actúan como catalizadores en la atracción del vapor de agua.

6. **Estudio de nubes,** de Frederic **Edwin Church, ca. 1860–1870** Escena de última hora de la tarde, con la puesta de sol proyectando sus últimos rayos desde la derecha sobre una calle de nubes de un *Cumulus congestus radiatus*. El *Cumulus* es rico en gotitas de agua y absorbe mucha luz, de ahí que las características bases niveladas (página 98) de la nube parezcan oscuras y amenazantes. La masa de aire está limpia y sin contaminación, como demuestra el fondo de cielo azul polar.

EL RADIO DE EQUILIBRIO

Los CNC son cruciales para la creación de gotas de nube embrionarias. Actúan de forma parecida a los catalizadores químicos y aceleran mucho el proceso de condensación de gas a líquido al ser «higroscópicos», es decir, tienen la capacidad de absorber el vapor de agua del aire. Por lo tanto, el vapor de agua es atraído por el aerosol, incluso a humedades relativas muy por debajo del cien por cien de saturación.

Por ejemplo, en las zonas costeras, el vapor de agua se condensa en dichos CNC a humedades relativas de más o menos el 78 por ciento o más, formando al principio una bruma o neblina que restringe la visibilidad. En tierra y en las zonas continentales se produce el mismo proceso, pero con partículas diminutas de polvo o arcilla. Esto permite que los aerosoles aumenten considerablemente de tamaño a medida que van recogiendo el vapor de agua del aire.

Punto de inflexión

Si la humedad relativa sigue aumentando hasta alcanzar el punto de saturación o, incluso, una ligera sobresaturación (algo más del cien por cien), el CNC sigue creciendo hasta alcanzar un «radio de equilibrio» (véase la ilustración). Entonces se suele decir que dichos CNC se «activan» y es cuando nace una gota de nube estable. En equilibrio, los radios típicos oscilan entre unas décimas de micra y unas pocas micras, en función del tipo y la masa del aerosol original, y pueden llegar a entre 20 y 30 micras en el caso de los aerosoles «gigantes».

Cuando se alcanza este punto de inflexión, el nivel de sobresaturación necesario para mantener el crecimiento de la gota en realidad disminuye a medida que va aumentando de tamaño (véase la ilustración, donde la curva empieza a disminuir a la derecha). Eso significa que ya no hay nada que obstaculice el crecimiento de la gota y que puede seguir creciendo mientras se disponga de la humedad adecuada. En la práctica, sin embargo, no siempre es así, ya que las gotitas cercanas también compiten por la misma humedad, por lo que, para que una nube aguante y genere precipitaciones, es necesario mantener un suministro constante de vapor de agua.

Gotas con ambición

Así pues, para que nuestra gotita en crecimiento tenga la ambición de pasar a formar parte de una nube de lluvia, es necesario alcanzar un equilibrio provisional entre el ritmo de producción de vapor de agua disponible, mantenido por la elevación y el enfriamiento adiabático de la propia nube, y la eliminación de vapor de agua debido a la condensación, así como cualquier mezcla provocada por el arrastre de aire seco procedente del exterior de la nube. Si estos procesos se mantienen, las gotas de nube tardarán, al menos, unos 20 minutos en crecer por difusión hasta alcanzar un tamaño de 10 micras de radio, incluso en las nubes convectivas de más rápido desarrollo (*Cumulus* o *Cumulonimbus*; páginas 90-101 y 126-135, respectivamente).

CURVA DE CRECIMIENTO/EVAPORACIÓN DE LA GOTA

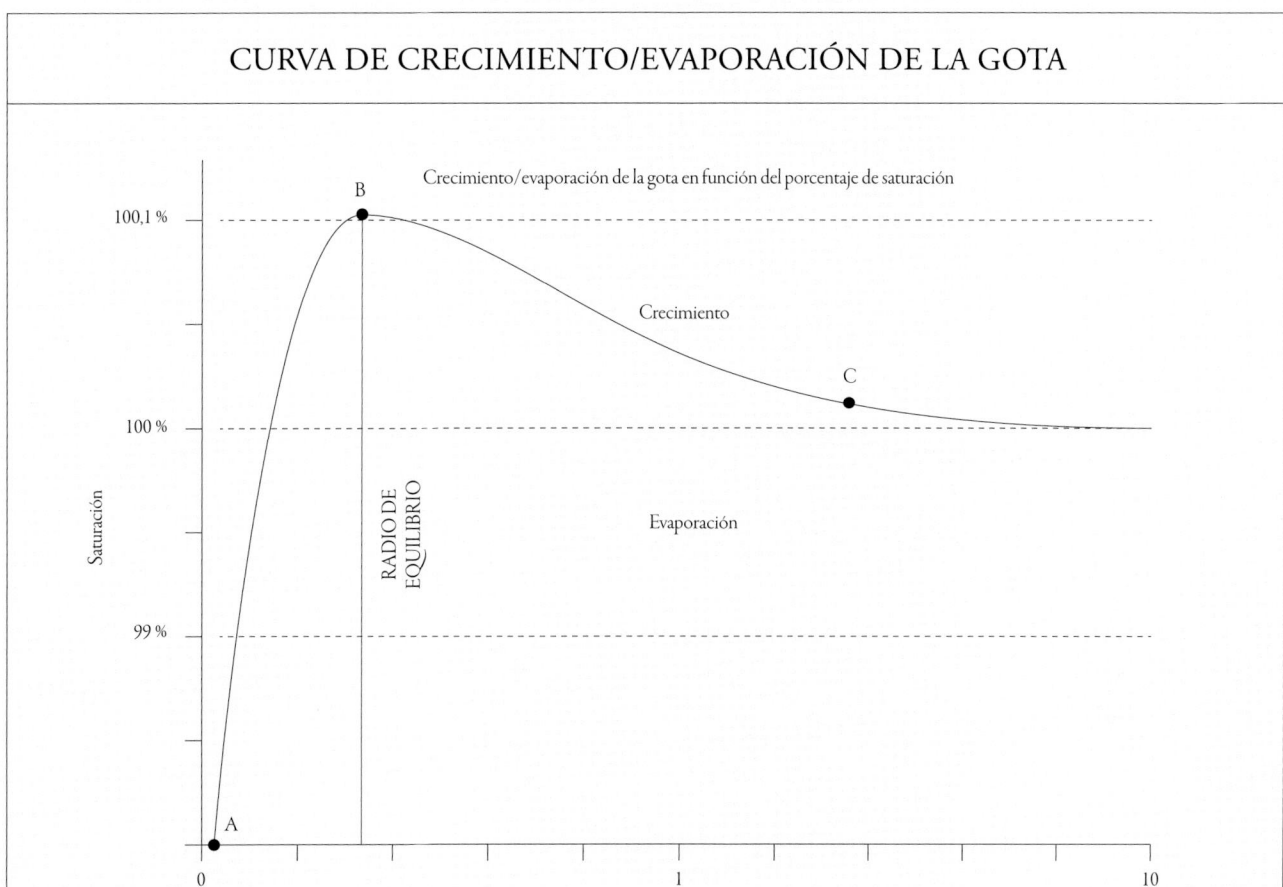

Crecimiento/evaporación de la gota en función del porcentaje de saturación

100,1 %

B

Crecimiento

C

100 %

RADIO DE EQUILIBRIO

Saturación

Evaporación

99 %

A

0   1   10

Radio de la gota (μm)

Humedad

A medida que la humedad relativa aumenta, partiendo de menos del 99 por ciento (punto A) hasta una ligera sobresaturación del 100,1 por ciento (punto B), la gota de nube aumenta de tamaño. Si, por el contrario, la humedad del aire empieza a reducirse antes de que la gota alcance el punto B de tamaño (su «radio de equilibrio»), comenzará a evaporarse. Una vez que la gota supera su radio de equilibrio (punto B), puede seguir creciendo, incluso a humedades inferiores a las de B, por ejemplo, como indica el punto C de la curva de crecimiento. Sin embargo, si la humedad desciende a valores inferiores a los de la curva, la gota comenzará a evaporarse de nuevo.

A

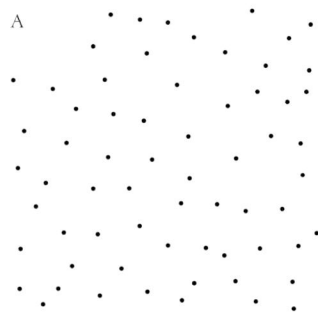

B

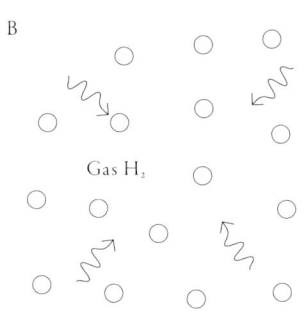

Gas H₂

C

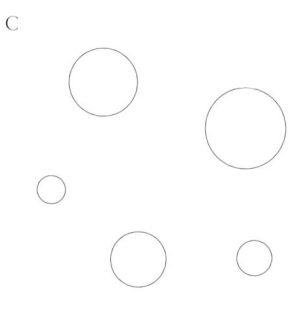

Condensación de la nube
Representación esquemática de:
(A) Núcleos de condensación de
nubes (CNC); (B) Vapor de agua
atraído hacia los CNC higroscópicos
por difusión y condensándose en
sus superficies; (C) Grandes gotas de
nube activadas tras su crecimiento
por difusión, colisión y coalescencia.

CRECIMIENTO DE LA GOTA POR DIFUSIÓN

El proceso que controla cómo empiezan a crecer las incipientes gotas de nube en los CNC es la difusión del vapor de agua. Lo sepamos o no, todos estamos familiarizados con el principio de difusión: por ejemplo, cuando entramos por la puerta de una cafetería, panadería o pizzería, nos suele recibir un agradable aroma cálido, generado por la difusión (y también la convección) de fragantes gases que emanan de un horno o de una cafetera y que se desplaza hacia nuestras narices. En este caso, la difusión puede explicarse como el movimiento aleatorio de las moléculas de gas, que se mezclan y dispersan de forma natural desde las regiones de alta concentración hasta las de baja concentración a lo largo del tiempo.

Del mismo modo, cuando hay una alta concentración de vapor de agua, es decir, una alta humedad relativa en el aire, las moléculas de gas pasan de él a los diminutos CNC, con lo que se inicia así el proceso por parte de los aerosoles higroscópicos que atraen el agua. A continuación, si hay vapor de agua disponible, los aerosoles aumentan deprisa de tamaño (en microsegundos). Sin embargo, dado que habrá otros aerosoles cercanos compitiendo por el mismo vapor de agua, dicho crecimiento no está asegurado.

Aunque la velocidad de difusión del vapor de agua en una gota de nube es extremadamente rápida al principio, empieza a ralentizarse en cuanto el radio de la gota supera las 2 o 3 micras; necesita muchos minutos para sobrepasar las 5 micras y muchas horas para crecer más allá de las 20 micras. Esto se debe a que la difusión va perdiendo eficacia a medida que va aumentando la superficie de la gota (la superficie de una esfera [$4\pi r^2$] aumenta en proporción al cuadrado de su radio [r]). La consecuencia directa de esta ralentización de la velocidad de crecimiento de las gotas de nube es que la mayoría de ellas jamás llegan a generar lluvia.

Está claro que, para que una gota siga creciendo hasta convertirse en gota de lluvia, se necesitan otros procesos que requieran mucho menos tiempo de evolución. Pero son pocas las gotas de nube que lo consiguen y están asociadas a unos pocos tipos de nubes especiales, normalmente *Nimbostratus* (página 122-125), *Cumulus* profundos (páginas 90-101) o *Cumulonimbus* (páginas 126-135). En la mayoría de las nubes sin precipitaciones, el radio de las gotas de nube tiende a mantenerse en el rango de entre 5 y 10 micras, con una media global de unas 6 micras. Dichas nubes simplemente no cuentan con suficientes gotas grandes como para crear precipitaciones o, si las tienen en un momento dado, son demasiado finas y tenues como para que perduren o sus nubosas vidas son demasiado breves y cualquier gota aspirante del tamaño adecuado se evapora poco después de abandonarla.

UNA GOTA EN CRECIMIENTO

Todavía queda mucho por delante en el viaje existencial de una gota de nube incipiente que intenta alcanzar su destino final, tan necesario para la vida humana en la Tierra: convertirse en una gota de lluvia. En primer lugar, la gota debe crecer hasta alcanzar un radio de entre 10 y 20 micras para que haya alguna esperanza de que se desarrolle la lluvia y tiene que hacerlo sólo por difusión. Si elegimos una gota al azar, es improbable que semejante crecimiento se produzca solo por difusión, ya que se necesitarían varias horas para alcanzar un radio de ese tamaño. Sin embargo, si adoptamos un enfoque estadístico y consideramos la nube en su conjunto, compuesta por cuatrillones o quintillones de gotas de nube, las posibilidades de que al menos una de esas gotas alcance el tamaño necesario son mucho mayores, debido a colisiones aleatorias entre ellas. Algunas gotas simplemente tienen suerte.

Pinball y coches de choque

Es también en esta fase crucial del crecimiento de nubes y gotas cuando otros efectos importantes empiezan a tomar el relevo y a hacer sentir su influencia. El principal es una fuerza que todos conocemos: la gravedad, que empieza a ganar importancia porque, en cuanto el radio de una gota de nube supera las 10 micras, comienzan a disminuir los efectos de la resistencia del aire de manera ostensible y la velocidad de caída de la gota de nube aumenta a más de 1 centímetro por segundo. Eso significa que ya tiene el potencial de caerse de la nube. Y en una corriente ascendente de aire, se eleva a un ritmo más lento que sus vecinas más pequeñas, lo cual incrementa la posibilidad de colisión. Una vez que una cierta proporción de gotas sobrepasa ese radio crítico, se inicia un juego de *pinball* celeste en el que las gotas de nube más grandes caen más deprisa (o ascienden más despacio) que las más pequeñas, lo que hace que choquen entre sí como coches de feria, colisionando y fusionándose, o rompiéndose (a diferencia de los coches de choque, por suerte), en una especie de verdadera reacción en cadena. A medida que las grandes gotas de la nube van absorbiendo las gotas más pequeñas, se hacen todavía más grandes y caen aún más deprisa, aumentando así la posibilidad de que se produzcan cada vez más colisiones.

Las gotas de las nubes oceánicas, que contienen CNC «gigantes» de sal marina, tienen más probabilidades de alcanzar un radio crítico de entre 10 y 20 micras en un plazo de tiempo considerablemente más corto que la vida útil de la propia nube. Esto tiene importantes consecuencias para el desarrollo de las precipitaciones y explica por qué las nubes *Cumulus mediocris* (página 94) y algunas *Stratocumulus* (página 112) tienen más probabilidades de producir precipitaciones sobre entornos oceánicos y costeros que sobre zonas continentales. La precipitación también puede desarrollarse deprisa dentro de nubes *Cumulus congestus* elevadas tras unos 20 minutos, en cuanto el proceso de difusión produce gotas del tamaño adecuado. Es entonces cuando el mecanismo de «colisión y coalescencia» toma el relevo.

7. **Nubes, de Thomas Cole, ca. 1838**

Un poderoso *Cumulus congestus* que es probable que pronto se convierta en un *Cumulonimbus calvus* (un *Cumulonimbus* no congelado). El característico aspecto blanco brillante y fractal de coliflor de la superficie de la nube ascendente se debe a su alto contenido en agua, sumado al arrastre de aire más seco desde arriba a medida que la torre de nubes va subiendo. Si se observan de cerca, parece que haya dos o tres anillos de nubes que rodean las cimas de las nubes, por lo que se trataría de la variedad *velum*, que sólo se encuentra en el *Cumulus* o *Cumulonimbus* que asciende deprisa.

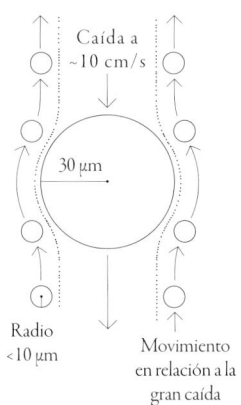

Las gotas de nube grandes caen mucho más deprisa que las muy pequeñas, barriéndolas a su paso.

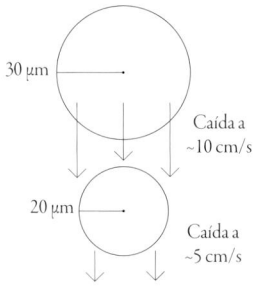

Las gotas grandes de tamaño similar tienen más probabilidades de fusionarse. En este caso, la gota más grande, que cae más deprisa, se va fusionando con la más pequeña.

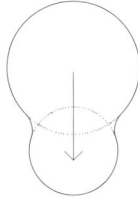

Ambas gotas se combinan para formar una única gota más grande. Si las condiciones siguen siendo adecuadas en la nube y se producen muchas más colisiones, la gotita acaba cayendo de la nube en forma de gota de lluvia.

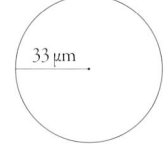

LAS GOTAS GRANDES CAEN MÁS DEPRISA

La eficacia de colisión de las gotas de nube, es decir, su capacidad para unirse o no tras chocar unas con otras, depende en gran medida de su tamaño absoluto. Las gotas más grandes presentan la mayor eficiencia de recolección, lo que significa que es más probable que se unan entre sí. Esto se debe a que el aire tiene un cierto grado de «viscosidad» o cohesividad que permite que las gotas pequeñas sean barridas por las corrientes de aire que las rodean, un proceso que va perdiendo eficacia a medida que las gotas van aumentando de tamaño. De hecho, las gotas de nube con un radio inferior a 10 micras rara vez se fusionan. Pero no todas las gotas grandes se unen; también pueden romperse al chocar entre sí.

En la consiguiente aglomeración de una nube que se desarrolla muy deprisa y en la que ha comenzado la colisión y la coalescencia de las gotas, llega el momento de empezar a considerar las diferentes velocidades de caída de las distintas gotas y gotitas, tanto entre sí como en relación con las corrientes de aire ascendentes y descendentes dentro de la nube. Como era de esperar, cuanto mayor es la gota, más rápido cae.

Cuando el radio de las gotas de nube supera las 30 micras (0,03 mm), se denominan «gotas de llovizna». Este tamaño coincide con velocidades de caída superiores a unos 10 centímetros (4 pulgadas) por segundo, una velocidad mayor a la de las corrientes de aire ascendentes de la mayoría de las nubes estratificadas, como *Stratus*. Esto explica en parte por qué, en los días húmedos, solemos experimentar lloviznas procedentes de nubes de nivel bajo y no de las nubes de las capas superiores. Por ejemplo, una gota de llovizna de 100 micras (0,1 mm) de radio que sale de una base nubosa a una altitud de 200 metros (650 pies) y cae a una velocidad de 2,9 kilómetros (1,8 millas) por hora llegará al suelo en 4 minutos (véase la tabla). Sin embargo, es mucho más probable que cualquier llovizna procedente de nubes de nivel medio se evapore durante ese mayor tiempo de descenso.

En el otro extremo, las gotas de lluvia más grandes caen a velocidades de hasta 40 kilómetros (25 millas) por hora. A estas velocidades, dejan de ser esféricas porque el aire las deforma al caer, achatándolas. Las gotas de lluvia con un radio superior a los 3 o 4 milímetros son inestables y tienden a romperse al caer.

8. ***Estudio de nubes oscuras*, de John Constable, 1821**
Vista desde abajo, esta nube puede parecer oscura, pero sólo porque es rica en gotitas de agua. Es probable que su superficie superior sea muy brillante, ya que refleja y dispersa la mayor parte de los rayos solares. La nube es convectiva, es decir, su textura sugiere la formación de *Cumulus congestus*.

8.

Velocidades terminales de las gotas de nube, la llovizna y las gotas de lluvia.

RADIO (MICRAS*)	VELOCIDAD TERMINAL	NOMBRE	TIEMPO PARA CAER 1 KM (0,621 MILLAS)
0,1	0,001 mm/s	Núcleos de condensación de nubes	----
1	0,12 mm/s	Gota de nube	----
5	2,9 mm/s	Gota de nube	----
10	1,2 cm/s	Gota de nube	23 horas
30	10,7 cm/s	Llovizna	2 horas 35 minutos
100 (0,1 mm)	80 cm/s	Llovizna	21 minutos
300 (0,3 mm)	2,4 m/s	Gota de lluvia	7 minutos
3000 (3 mm)	10 m/s	Las gotas de lluvia más grandes	90 segundos

*Una micra es la milésima parte de un milímetro (0,00004 pulgadas).

CNC típico
n=300 000
r=0,1
v=0,001

○
Gota de nube típica
r=6
n=100 000
v=0,4

Gota de nube grande
r=50
n=1000
v=30

Gota de llovizna
r=100 µm (0,1mm)
v=80
n=100

Gota de lluvia típica
r=100µm (1mm)
n=1
v=650

+

r radio (micras)
n número por litro
v velocidad terminal (cm/s⁻¹)

EL ESPECTRO DE LAS GOTAS DE NUBE

Una sola gota puede colisionar decenas de miles de veces durante su viaje hacia la Tierra. Esta estadística se aprecia mejor al observar la ilustración (izquierda), que muestra los tamaños comparativos de un núcleo de condensación de nubes, una gota de nube recién activada, una gota de llovizna y una gota de lluvia típica. Teniendo en cuenta que el volumen de una esfera aumenta con el cubo de su radio —el volumen de la esfera (V) con respecto a su radio (r) viene dado por $V=\frac{4}{3}\pi r^3$—, el volumen de una gota de lluvia de 1 milímetro de radio es, por tanto, 1 millón de veces mayor que el de una gota de nube activada de 10 micras de radio.

Las nubes recién formadas tienden a tener una concentración de gotas de nube mucho mayor que las nubes más antiguas. Eso se debe a que las gotas aún no han tenido tiempo suficiente para crecer y convertirse en gotas más grandes, un proceso que reduce el número total de gotas, pero aumenta su tamaño y volumen medios. De ahí que las nubes *lenticularis* tiendan a tener un elevado número de gotitas muy pequeñas (página 156). Por otro lado, las nubes relativamente «viejas», como el *Stratus* o el *Stratocumulus* marino, tienden a tener concentraciones de gotas más bajas, pero con un tamaño medio mayor.

Como ya se ha mencionado, debido a las diferencias entre el tipo de CNC disponible en las regiones oceánicas y continentales de la Tierra, las nubes marítimas y costeras tienden a tener menores concentraciones de gotas de nube, pero con un tamaño medio de gota mayor que sus equivalentes continentales. En las zonas marítimas, se cree que esto se debe a la presencia de aerosoles gigantes, como la sal marina, que absorben las gotas más pequeñas de su entorno nuboso. Al tener gotas de nube activadas más grandes, aumenta la probabilidad de precipitación, ya que la colisión y la coalescencia pueden comenzar antes que en otras nubes.

Aquí llega la lluvia

Volviendo a nuestra gota de nube: una vez que se alcanza un radio crítico de unas 10-20 micras, los procesos duales de colisión y coalescencia empiezan a tomar el relevo. Se produce una rápida ampliación del espectro de gotas, ya que las más grandes barren deprisa a las más pequeñas. Si la nube es poco profunda, algo así como una capa relativamente gruesa de *Stratus* o *Stratocumulus* cerca de la superficie, puede empezar a caer una ligera llovizna. Como alternativa, en el caso de nubes convectivas de rápido desarrollo como grandes *Cumulus* y *Cumulonimbus*, pueden empezar a precipitarse algunas gotas de lluvia gordas, ya que son las únicas lo bastante grandes como para escapar de las corrientes ascendentes de la nube que se eleva.

Investigaciones recientes apuntan cada vez más a que el arrastre de aire seco desde el exterior inmediato del entorno nuboso, que se introduce en la nube y la diluye a medida que asciende, es decisivo para el desarrollo de un espectro de gotas amplio o multimodal en una nube convectiva, una característica típica del *Cumulonimbus* maduro portador de lluvia. Esto ocurre porque, cuando el aire seco se introduce en la nube, las gotas más pequeñas se evaporan primero, dejando solo las más grandes, que, tras un breve periodo de descenso, pueden empezar a elevarse otra vez en una nueva corriente ascendente y volver a crecer hasta alcanzar un tamaño aún mayor. En un gran *Cumulus congestus* o en una nube *Cumulonimbus*, este proceso puede repetirse muchas veces, clasificando las gotas de lluvia (o granizo) con bastante eficacia dentro de un mecanismo descrito por el físico de las nubes inglés sir John Mason como una gigantesca máquina «aventadora» (en referencia a las máquinas que separan la paja o cascarillas más ligeras de los granos más pesados de plantas o cereales). El resultado neto de esto es una rápida ampliación de la distribución de tamaños o espectro de gotas con una larga cola hacia la derecha (véase la ilustración que aparece a continuación) con picos multimodales ocasionales.

Sin embargo, estos procesos sólo están reservados a unas pocas nubes, las que producen precipitaciones; la realidad es simple: la mayoría de las nubes nunca generan lluvia. ¿Deberíamos compadecernos de los incontables quintillones de gotas de nube que «nunca lo consiguen», de todas esas pequeñas gotas que nunca llegan a ser gotas de lluvia? ¡Para nada! Todas esas aspirantes a gota de lluvia constituyen la inmensa mayoría de las nubes que vemos y que tanto nos fascinan. Juntas, crean ante nuestros ojos ese paisaje celestial natural tan impresionante. Cada gota, grande o pequeña, efímera o no, ocupa un lugar en el magnífico retablo orquestal de los cielos que llamamos «nubes».

Página opuesta: Ilustración esquemática de los tamaños comparativos (a escala relativa) de un núcleo de condensación de nube típico, una gota de nube, una gota de nube grande, una gota de llovizna y una gota de lluvia. También se indican su radio típico (r), su concentración por litro (n) y su velocidad terminal/velocidad de caída (v). Los valores se basan en Macdonald (1958) y Mason (1975).

A la izquierda: Ejemplo esquemático del espectro de tamaños de gotas (su distribución estadística) para cuatro nubes diferentes: *lenticularis* (recién formada); *Cumulus* continental; *Cumulus* marino u oceánico; y *Cumulonimbus* en desarrollo. Los valores marcados son aproximados: los espectros de las gotas de nube cambian constantemente dentro de las nubes; no hay dos nubes que tengan el mismo espectro.

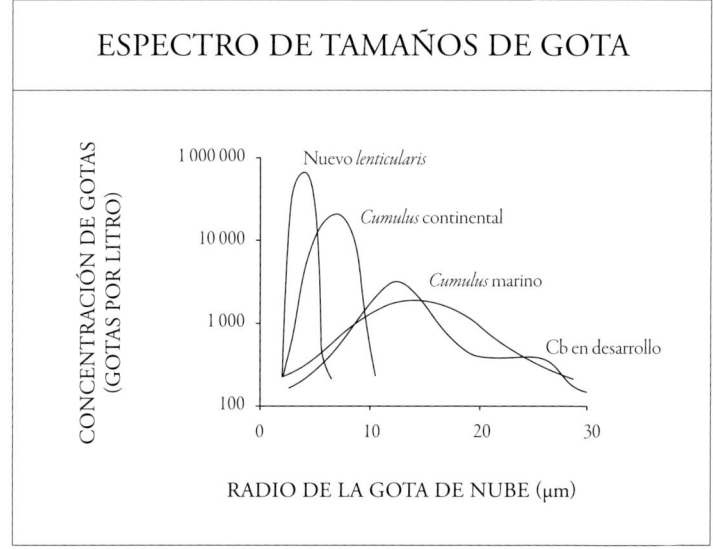

ESPECTRO DE TAMAÑOS DE GOTA

CONCENTRACIÓN DE GOTAS (GOTAS POR LITRO)

1 000 000

10 000

1 000

100

Nuevo *lenticularis*

Cumulus continental

Cumulus marino

Cb en desarrollo

0   10   20   30

RADIO DE LA GOTA DE NUBE (μm)

9. **Staffa, La cueva de Fingal,
de J. M. W. Turner, 1832**
Es un día borrascoso bastante
normal en la costa oeste de
Escocia. Una columna de fuertes
precipitaciones (derecha) cae
de un *Cumulonimbus* que pasa,
creando un gran contraste entre
la luz y la sombra. La visibilidad
en superficie parece restringirse
a unos pocos metros debido al
aerosol marino flotante, que
confiere un tono amarillo pálido
a los cielos acuosos. El mar está
embravecido, pero el barco
de vapor parece hacer frente a
la situación; su alta columna
dispersiva de humo nos indica la
dirección del temporal y alude
al estado inestable pero bien
mezclado de la atmósfera inferior.

Fase 1 Solo gotas de agua

Tras unos minutos

Fase 2 Se forman cristales de hielo

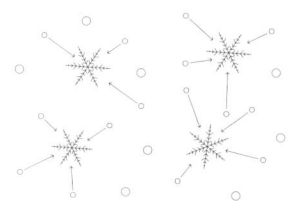

Fase 3 Los cristales de hielo crecen a expensas de las gotas de agua

>1 hora

Fase 4 Glaciación completa

Fases de la glaciación
Fase 1: Gotas de agua superenfriadas suspendidas en una nube con una temperatura muy por debajo del punto de congelación y a una humedad saturada con respecto al hielo. Fase 2: Introducción de núcleos de hielo, lo que permite el inicio de la congelación y el crecimiento de cristales de hielo en los lugares de nucleación. Fase 3: Rápido crecimiento de cristales de hielo. Fase 4: Completada la glaciación, la nube ahora sólo está compuesta por cristales de hielo que, si son lo bastante grandes, comenzarán a precipitarse hacia la Tierra.

CRECIMIENTO DE CRISTALES DE HIELO

Hasta ahora sólo nos hemos ocupado de las *gotas líquidas* que dan lugar a la formación de lluvia dentro de las nubes en el marco de un mecanismo descrito por los científicos atmosféricos como el proceso de «lluvia caliente», aunque las gotitas implicadas estén, en realidad, algo frías o, incluso, bastante frías (pero no congeladas). Este proceso de lluvia cálida es habitual en climas tropicales y subtropicales, y en estaciones cálidas en otros lugares, sobre todo en niveles bajos y medios de la troposfera. Sin embargo, lejos de los trópicos, con frecuencia actúa un mecanismo mucho más importante de producción de lluvia, principalmente en los niveles medios y altos de la troposfera, sobre todo durante el paso de frentes meteorológicos y sistemas meteorológicos ciclónicos cuyas estructuras nubosas coherentes suelen alcanzar estos niveles.

A diferencia de lo que podría decirnos la intuición, las gotas de agua líquida superenfriada pueden existir libremente en las nubes hasta temperaturas de -20 °C (-4 °F) o menos, ya que la congelación espontánea de las gotas de agua líquida de una nube no se produce hasta que se alcanza una temperatura ambiente de -38 °C (-36 °F). Sin embargo, si se introduce un cristal de hielo congelado o una «partícula de siembra» en una nube fuertemente superenfriada, la congelación se suele producir de inmediato y se extiende por toda la nube en pocos minutos en una rápida reacción en cadena (véase *cavum*, página 199). Esto se debe a que el grado de saturación necesario para que se formen cristales de hielo en una nube es menor que su equivalente para las gotas de agua líquida (véase la ilustración de la izquierda): a una temperatura del aire de -30 °C (-22 °F), cuando la humedad relativa con respecto al hielo es del cien por cien (saturada), sólo es del 75 por ciento con respecto al agua (insaturada), por lo que sólo pueden formarse cristales de hielo. Este importante atributo se debe a que los enlaces intermoleculares de los cristales de hielo son más fuertes que los de las gotas de agua líquida.

Una vez que los cristales de hielo comienzan a crecer en las nubes muy frías, lo hacen a través de la difusión de vapor de agua en sus superficies cristalinas *a expensas* de las gotas de agua líquida. Por tanto, los cristales de hielo crecen deprisa, absorbiendo las gotas de agua cercanas, así como la humedad adicional del aire circundante, ya que el umbral de humedad necesario para su crecimiento es mucho

10.

menor que el de las gotas de agua. En poco tiempo, estos cristales se vuelven lo bastante grandes como para caer a la Tierra, y siguen creciendo aún más a medida que van atravesando otras nubes en su descenso (de nuevo, al recoger su agua), antes de terminar fundiéndose en gotas de lluvia en los últimos metros finales, siempre que la temperatura del aire en la superficie sea de unos pocos grados por encima del punto de congelación.

Los grandes copos de nieve no se agrupan hasta los niveles más bajos de la troposfera, cerca del punto de fusión de 0 °C (32 °F). Por este motivo, tienden a ser pequeños durante las tormentas de nieve más frías, pero son grandes y plumosos en las nevadas más abundantes y húmedas, que tienden a producirse con una temperatura del aire cercana al punto de congelación.

El mecanismo de precipitación fría descrito aquí se conoce en los círculos meteorológicos como proceso Wegener-Bergeron-Findeisen. Se trata de una fase crítica y fundamental del funcionamiento meteorológico de la atmósfera, sin la cual moriríamos, literalmente, de sed, ya que gran parte de las precipitaciones que caen en las latitudes medias se originan de este modo.

10. *Nubes de hielo sobre Coniston Old Man*, de John Ruskin, 1880
Una brecha en las capas nubosas revela nubes *undulatus* de alta frecuencia (arriba a la izquierda), así como ondas de montaña *Stratocumulus lenticularis* oscuras de menor frecuencia (tercio inferior). Imitan la topografía general, pero parecen impedir la visión de la mayor parte de la montaña. Algunas de las otras ondas (a la izquierda del centro) parecen ser una representación expresionista de la turbulencia local. Es evidente que las nubes *Stratocumulus* de nivel bajo no están congeladas, aunque las nubes blancas más altas (centro superior) pueden representar *Cirrocumulus* o *Cirrostratus* helados.

NUBES
Y RADIACIÓN

E l cero absoluto, cero Kelvin o -273,15 °C (-459,67 °F) es la temperatura teórica más baja posible. Por lo tanto, todos los objetos con una temperatura superior contienen algo de energía, es decir, emiten alguna forma de radiación electromagnética, como microondas, luz visible o rayos X. Según la ley de Stefan-Boltzmann, el tipo de radiación que emite un objeto depende de su temperatura.

Dado que la temperatura de la superficie del Sol es de unos 6000 °C (10 800 °F), la ley de Stefan-Boltzmann establece que la radiación solar que emite alcanza su punto máximo en longitudes de onda visibles de unos 500 nanómetros (0,5 micras, cerca de lo que llamamos el color azul), pero también cubre una gran proporción de las partes ultravioleta e infrarroja cercanas del espectro electromagnético. Por el contrario, la radiación de los objetos a temperaturas cotidianas, incluida la radiación terrestre procedente de la Tierra y de su envoltura de nubes, que se sitúa en gran medida en el rango de entre -73 °C y +38 °C (entre -100 °F y +100 °F), es casi totalmente infrarroja, con un máximo de unos 10 000 nanómetros (10 micras o 0,01 milímetros). Debido a su mayor longitud de onda y, por tanto, a su menor frecuencia, la radiación infrarroja transporta menos energía que la solar.

Las nubes, como cualquier objeto, interceptan, reflejan, absorben y vuelven a emitir diferentes formas de radiación electromagnética. Puede ocurrir de varias maneras. En cuanto a la radiación solar, las nubes pueden interceptar una parte y absorberla o, en función de su albedo (reflectividad), pueden reflejarla. Como ya hemos visto antes, dado que todas las nubes tienen temperaturas dentro del modesto rango terrestre, emiten sobre todo radiación infrarroja, tanto hacia el suelo como hacia el cielo o hacia otras nubes cercanas. Estas nubes absorben y vuelven a emitir la radiación infrarroja de la misma manera.

Los seres humanos sólo somos capaces de percibir una fracción muy pequeña del espectro electromagnético, es decir, la luz visible (300-780 nanómetros o 0,3-0,78 micras), la que podemos ver, y la radiación infrarroja, la cual percibimos como calor ganado o calor perdido. Sin el equipo y los instrumentos adecuados, nos resulta imposible detectar la mayoría de los demás tipos de radiación electromagnética, aunque podamos experimentar sus consecuencias, por ejemplo, cuando la radiación ultravioleta nos provoca quemaduras solares.

Si, durante una hora o más, procuras no moverte y observas con atención, es posible que veas el efecto de la radiación infrarroja proce-

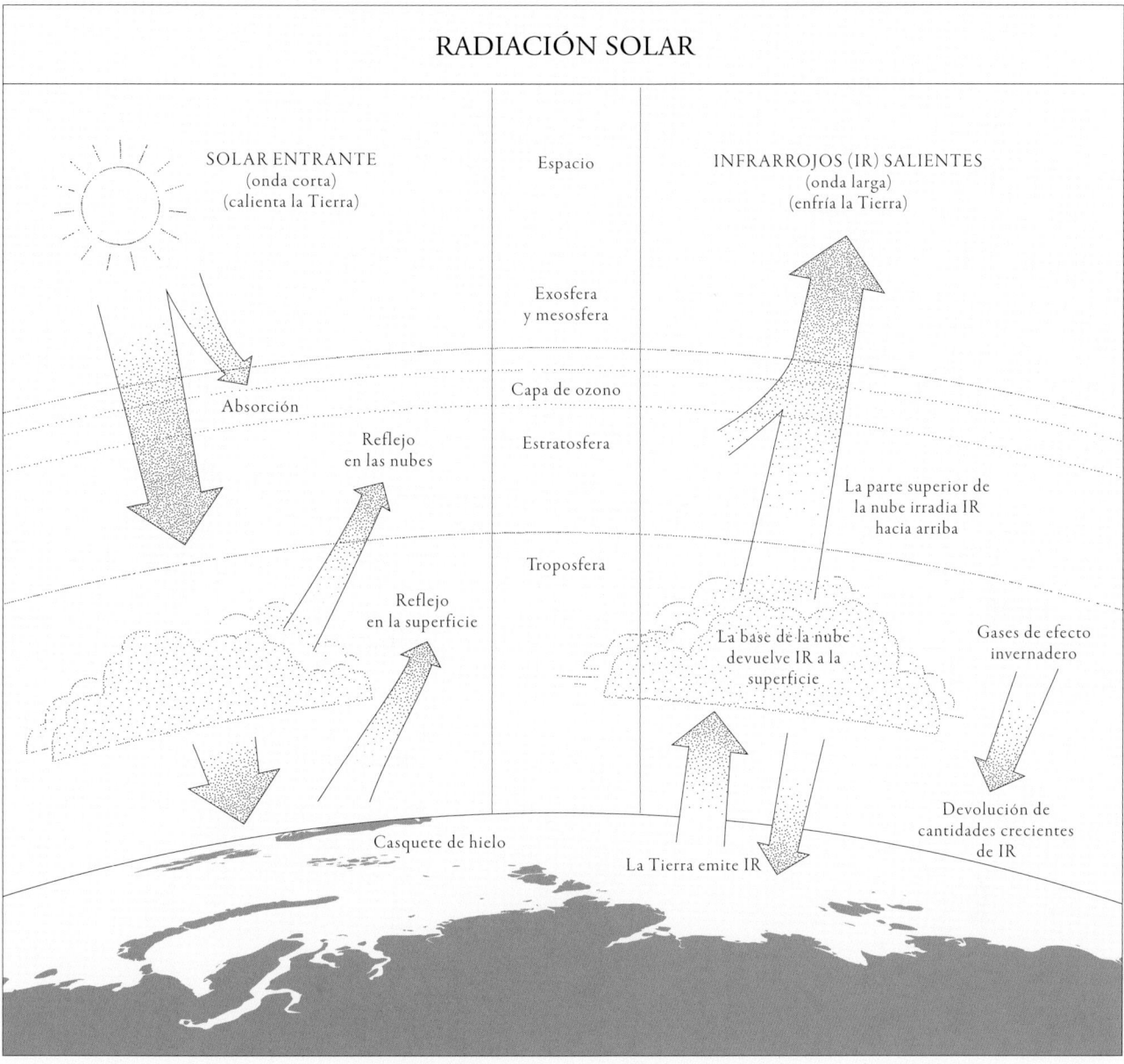

RADIACIÓN SOLAR

SOLAR ENTRANTE
(onda corta)
(calienta la Tierra)

Espacio

INFRARROJOS (IR) SALIENTES
(onda larga)
(enfría la Tierra)

Exosfera
y mesosfera

Absorción

Capa de ozono

Reflejo
en las nubes

Estratosfera

La parte superior de
la nube irradia IR
hacia arriba

Troposfera

Reflejo
en la superficie

La base de la nube
devuelve IR a la
superficie

Gases de efecto
invernadero

Devolución de
cantidades crecientes
de IR

Casquete de hielo

La Tierra emite IR

dente de las superficies superiores de las nubes estratificadas. Por ejemplo, con el tiempo, una nube en capas uniforme y anodina, tipo *Stratus* o *Altostratus*, puede acabar transformándose en una capa levemente moteada de *Stratocumulus* o *Altocumulus*. Esto se produce como resultado de dos procesos de radiación: el enfriamiento de la parte superior de la nube por el cielo despejado de arriba (suponiendo que ninguna capa superior de la nube impida que esto ocurra) y el calentamiento de la base de ésta por la radiación infrarroja de la Tierra. Esto crea suaves corrientes de convección que ayudan a volcar la nube, y provoca un efecto moteado de nubecitas regulares.

Radiación solar
Descripción esquemática de los intercambios de radiación solar en la atmósfera (izquierda) y de radiación infrarroja (derecha).

CALIMA, ESMOG Y NIEBLA

La palabra «calima» es un término meteorológico amplio que describe la visibilidad reducida. Los meteorólogos suelen utilizarlo para describir pequeñas partículas sólidas suspendidas en la atmósfera, como aerosoles formados por polvo, arena, cenizas volcánicas, hollín, humo u otros subproductos de la combustión. Su tonalidad marrón o anaranjada suele verse sobre las ciudades durante los periodos de tiempo estable. En un sentido más general, la calima también describe la visibilidad reducida provocada por diminutas partículas líquidas en suspensión, como el aerosol marino o núcleos de condensación de nubes higroscópicas activadas, aunque, cuando la visibilidad horizontal cae por debajo de los 8 kilómetros (5 millas), los meteorólogos prefieren utilizar el término «bruma».

La definición de «niebla» es mucho más estricta, ya que hace referencia a una visibilidad horizontal inferior a 1 kilómetro (0,621 de milla) exacto a nivel del suelo. Suele manifestarse como resultado de factores locales (por ejemplo, cuando el aire húmedo se acumula en zonas bajas durante un periodo de tranquilidad meteorológica y luego se espesa en una capa de *Stratus*). Por su parte, en las zonas costeras, la brisa puede trasladarla a tierra (advección), por lo general como *Stratus* o *Nimbostratus*.

«Esmog» es un término coloquial que describe una sopa atmosférica de «humo» y «niebla» mezclados; lo curioso es que, a pesar de su frecuente aparición en la Gran Bretaña victoriana (industrial), el término no empezó a utilizarse de forma generalizada hasta después de 1950. El esmog suele ser un fenómeno invernal. Por otra parte, el «esmog fotoquímico», término reservado a un particular cóctel químico bastante nocivo de contaminación atmosférica y calima, aparece sobre las ciudades bajo el abrasador sol del verano y es altamente perjudicial para la salud. Tanto el esmog como el esmog fotoquímico son casi omnipresentes en grandes ciudades como Los Ángeles, Ciudad de México, Pekín y Delhi, entre otras, en función de la época del año y la estación.

11.

Efectos de la contaminación atmosférica

Existen multitud de problemas derivados de la contaminación atmosférica; por ejemplo, según la Organización Mundial de la Salud, en 2023, los efectos combinados de la contaminación del aire exterior (ambiente) e interior (hogares) provocaron 6,7 millones de muertes prematuras en todo el mundo. Además, el gran aumento de los núcleos de condensación de nubes (CNC) locales asociado a la contaminación atmosférica también puede tener un efecto indirecto sobre el clima. Una nube puede volverse más brillante y reflejar más luz solar (debido a una mayor reflectividad, o albedo, que hace que parezca más blanca a simple vista cuando se mira desde arriba) si el número total de núcleos aumenta de repente. Este proceso de aumento de la luminosidad de las nubes se conoce como «efecto Twomey», en honor al científico estadounidense de origen irlandés Sean Twomey, que describió por primera vez el mecanismo en 1967; ha cobrado un renovado interés en los últimos años, gracias a diversas propuestas de intervención climática y geoingeniería para ralentizar o detener el calentamiento global haciendo que las nubes sean más brillantes (reflejen mejor la luz solar).

En entornos muy contaminados, la concentración de aerosoles que actúan como CNC puede ser tan alta —del orden de decenas de miles de partículas por centímetro cúbico (o decenas de millones por galón)— que «recogen» activamente todo el vapor de agua disponible en el aire y, al hacerlo, impiden que los CNC se activen. El efecto neto es la supresión de la formación de nubes, aunque cualquier beneficio derivado de la reducción de la nubosidad probablemente se vea comprometido por una grave reducción de la calidad del aire.

*11. **Hampstead Heath, mirando hacia Harrow** (recortado), de John Constable, 1821–1822*
En la época de este cuadro, Londres era una ciudad mucho más pequeña que hoy; aun así, el aire parece calimoso, polvoriento y contaminado. El panorama vespertino del oeste sugiere la presencia, en la distancia, de algunas columnas de humo que surgen del suelo con una probable abundancia de grandes aerosoles que contribuyen a la tonalidad anaranjada y marrón de la atmósfera. (Véase el cuadro completo en la página 184).

LUCES
Y SOMBRAS

Cuando la luz del sol entra en la atmósfera terrestre, se ve sometida a una serie de procesos físicos y efectos ópticos. Al principio, las superficies lisas o brillantes que tienen un albedo alto, como la cima de las nubes brillantes o cuando el suelo está cubierto de nieve y hielo, pueden reflejar parte de la luz de vuelta al espacio. En estos casos, sólo una minoría de la luz se transmite a través o dentro de la sustancia en cuestión; la mayor parte se refleja de vuelta al espacio. Por el contrario, las superficies más oscuras, como los bosques, las arboledas o un mar agitado, absorben cantidades mucho mayores de la luz entrante, y refleja sólo un poco, de ahí que las percibamos como oscuras.

Además, la textura de la superficie reflectante controla cómo se refleja dicha luz entrante en distintas direcciones. Una «imagen especular» es una imagen reflejada y, por lo tanto, unidireccional, como cuando vemos un reflejo perfecto en una superficie de agua lisa o en un estanque. Sin embargo, las nubes y la mayoría de los objetos de la Tierra tienen formas irregulares, lo que provoca que la luz se refleje de manera difusa en múltiples direcciones; se dice que esta luz está «dispersa». La mayoría de los objetos que podemos ver y distinguir en nuestra vida cotidiana son visibles porque la luz se refleja en ellos.

Dispersoras de luz

Vemos las nubes porque dispersan la luz hacia nosotros. Las más brillantes vistas desde arriba suelen ser las más oscuras vistas desde abajo. Esto se debe a que, cuando la luz llega a la superficie de la Tierra, la mayor parte ya se ha dispersado por múltiples reflejos o ha sido absorbida por la nube, y es esta escasez de luz en nuestras pupilas lo que hace que percibamos su base como oscura. Se podría decir que la nube tiene una cierta transmitancia u opacidad. Los físicos se refieren a esta cantidad en la superficie de la Tierra como «la profundidad óptica de la atmósfera» o una medida de la ratio entre la luz incidente y la luz transmitida. Cuanto mayor es la profundidad óptica, menor es la cantidad de luz que se transmite a la superficie (o menor es su intensidad).

Por qué el color y el tamaño importan

Cuando empezamos a considerar escalas muy pequeñas en la atmósfera, la luz también está sujeta a otros efectos ópticos especiales, y bastante mágicos, a medida que atraviesa la atmósfera, lo cual es el resultado final lo que da color a nuestro cielo y a las nubes que lo componen. La cantidad de dispersión varía considerablemente en función de la longitud de onda de la luz y, por tanto, de su color, así como de la partícula dispersora, que puede ser una minúscula molécula de aire, un pequeño aerosol o una gota de nube de mayor tamaño. Dependiendo de la relación entre el tamaño de la partícula y la longitud de onda de la luz entrante, todos los colores constituyentes de la luz solar (todos los colores del arcoíris) estarán sujetos a diferentes grados de reflexión, refracción y difracción cuando interactúen con los componentes de la atmósfera (la refracción es la curvatura de la luz y la difracción es la interferencia de las ondas luminosas).

El efecto neto de todos estos efectos ópticos es una combinación casi única de colores, luces y sombras en el cielo en un momento dado. Por ejemplo, el cielo parece azul porque la luz azul (y violeta) tiene longitudes de onda cortas, que las moléculas de aire dispersan con mayor facilidad que las longitudes de onda más largas. Sin embargo, las gotas de nube y los cristales de hielo, que son más grandes que las moléculas de aire y la longitud de onda de la luz, reflejan en gran medida la luz blanca. Por su parte, las partículas de humo o calima, que son aún mayores, pueden absorber por completo la luz azul del cielo, dejando tras de sí un tono marrón o anaranjado. De este modo, los patrones familiares de luz y sombra se repiten en los cielos de ciertas partes del mundo en determinados momentos del día y del año, con frecuencia actuando en concierto con la evolución del paisaje que hay debajo.

Una experiencia visual personal

Por último, también debemos tener en cuenta la influencia de nuestra propia percepción como variable en nuestros intentos de explicar la luz y el color de los cielos. Se trata en gran medida de experiencias subjetivas, que varían de una persona a otra, por lo que pueden ser difíciles de interpretar plenamente en un sentido científico. Además, muchos de nosotros tenemos distintas cualidades visuales (por ejemplo, algunos somos daltónicos y otros vemos los colores de forma diferente a los demás), lo que contribuye a la diversidad de nuestra experiencia única del cielo.

12. *Muelle de Inverary, Loch Fyne, por la mañana*, de J. M. W. Turner, ca. 1845
Turner visitaba las Tierras Altas
de Escocia con regularidad.
En esta visita a Inbhir-Aoraidh
(Inverary), situada en la costa
occidental, el tiempo parece
razonablemente tranquilo, como
demuestran los reflejos de las
aguas del Loch Fìne (Fyne). La
luz difusa domina la escena, con
parches de bruma, niebla o nubes
bajas (*Stratus fractus*) suspendidos
cerca del agua, aunque un hueco
por encima revela algo de cielo
azul y un atisbo de *Altocumulus*.

IRIDISCENCIA

La iridiscencia es un fenómeno colorido que aparece de vez en cuando en nubes de nivel medio y alto de corta duración. Surge de la difracción de la luz, que, como ya hemos visto, es la interferencia de las ondas luminosas, provocada por diminutas gotas de nube o cristales de hielo de tamaño uniforme. Desde un punto de vista físico, la difracción (a diferencia de la refracción) se vuelve dominante cuando el tamaño del obstáculo es del mismo orden de magnitud que la longitud de la onda que impacta. En este caso, los hidrometeoros de las nubes son tan pequeños que sus diámetros son directamente comparables a los de la propia longitud de onda de la luz, por lo que domina la difracción.

Los colores asociados a la difracción de la luz solar (y, a veces, también de la luz de la luna) tienden a ser más pasteles o nacarados que los del arcoíris, es decir, se perciben con menos saturación que los colores brillantes o vivos. Son muy atractivos visualmente, con tonos suaves y repeticiones onduladas, delicadas y tenues. Para intensificar el espectáculo, los colores suelen cambiar de posición en función del ángulo de visión o iluminación, o debido al movimiento de la propia nube. Solemos ver el mismo efecto visual en la superficie de las pompas de jabón, así que la próxima vez que laves los platos, piensa en la belleza tanto de las pompas como de las nubes.

En la troposfera, las nubes *lenticularis* (página 156) suelen mostrar la mejor iridiscencia. Esto se debe a que estas nubes de onda de montaña se desarrollan y disipan muy deprisa, ya que el aire sopla constantemente a través de ellas, por lo que no hay tiempo suficiente para que las gotas de nube embrionarias superen la micra o dos. La iridiscencia también es más común en las nubes de nivel medio y alto de la troposfera que en las de nivel bajo, ya que tanto el tamaño de las gotas de nube como el de los cristales de hielo tienden a ser menores cuanto más se asciende en la atmósfera.

Sin embargo, los mejores ejemplos de iridiscencia están reservados a las raras, impresionantes y algo controvertidas nubes estratosféricas polares, más conocidas como nubes nacaradas. Se forman muy por encima de la troposfera, a altitudes de entre 20 y 40 kilómetros en la estratosfera. Su formación está relacionada con la contaminación atmosférica, el cambio climático y el agujero de la capa de ozono, por lo que, a pesar de su impresionante y etérea belleza, tienen algo de mala reputación (página 208).

Nubes iridiscentes: mirando al norte desde cabo Evans, de Edward Wilson, 1911

13. La iridiscencia es un bello fenómeno nacarado provocado por la difracción de la luz, que predomina cuando el tamaño de las partículas de la nube se mantiene próximo al de la longitud de onda de la luz. Por lo tanto, es más probable que se vea en nubes altas y frías como *Cirrocumulus lenticularis* (las gotas de nube o los cristales de hielo no tienen mucho tiempo para crecer más). La iridiscencia es más espectacular en las nubes nacaradas estratosféricas (página 208).

14. Wilson captura aquí espectaculares nubes nacaradas, que se forman sobre las montañas antárticas justo después del regreso del sol en primavera (cuando la estratosfera está más fría). Las nubes nacaradas suelen tener forma lenticular, debido a que la temperatura umbral para su formación (-78 °C/-108 °F) se alcanza con mayor facilidad dentro de las crestas enfriadas adiabáticamente de cada onda de montaña.

13.

14.

EL COLOR DEL CIELO, LOS RAYOS DE SOL Y LOS RAYOS CREPUSCULARES

Los principales efectos ópticos de la calima se deben al aumento de la dispersión de la luz a lo largo de la línea de visión, lo que modifica su color. Como ya hemos visto, cuando el cielo está de color azul, es porque las pequeñas moléculas de aire dispersan las longitudes de onda más cortas de la luz azul y violeta en lugar de las longitudes de onda más largas del naranja y el rojo. (Esto también explica por qué el cielo parece negro azabache en el espacio exterior, porque no hay nada que disperse la luz solar). Sin embargo, cuando el cielo está calimoso o polvoriento, con aerosoles abundantes en la atmósfera mucho más grandes que las moléculas individuales de aire, los colores verde, azul y violeta se dispersan en su lugar o se absorben por completo, dejando atrás los familiares amarillos, naranjas, marrones y rojos que asociamos a este tipo de cielo.

Cuando el cielo está a la vez calimoso y parcialmente cubierto, con una cantidad de luz limitada, la luz solar que brilla a través de un hueco entre las nubes puede crear el fenómeno conocido como «rayo de sol». Los «rayos crepusculares», como los conocen los meteorólogos, son los rayos que parecen irradiarse desde el Sol hacia el exterior. Se trata de una ilusión óptica causada por la perspectiva; en realidad, los rayos son siempre paralelos entre sí. En raras ocasiones, también se pueden observar los rayos anticrepusculares, que convergen hacia el punto antisolar, directamente opuesto al Sol. A veces también pueden verse «rayos de luna». Los rayos crepusculares se observan mejor a primera hora de la mañana o a última del día, cuando el Sol está bajo y brilla a través de una amplia parte de la atmósfera.

Además de dispersarse, las ondas luminosas también pueden polarizarse; empiezan a oscilar en una sola dirección, a diferencia de la luz no polarizada, que vibra en muchas o en todas las direcciones (aquí debemos considerar la luz como una onda). Cabe esperar que la luz muy dispersa y sometida a múltiples reflexiones, como la que emana de un cielo cubierto o calimoso difuso, sea en gran medida despolarizada. Por el contrario, las superficies lisas que reflejan mucho la luz pueden producir haces concentrados de luz polarizada. Por este motivo, es más fácil ver las superficies superiores reflectantes del *Cumulus* cuando se llevan gafas de sol polarizadas, ya que reducen considerablemente la luz polarizada entrante y el consiguiente resplandor.

15.

Además, resulta que el cielo azul está más polarizado a noventa grados con respecto al Sol, y la luz se dispersa con mayor intensidad en direcciones directas hacia él y alejándose de él. Eso significa que, cuando el Sol se encuentra en el sur del cielo, se ve más azul si se mira en dirección este u oeste; por el contrario, se ve más pálido si se mira directamente hacia el Sol o a 180 grados. Además, si extiendes el brazo y colocas el pulgar sobre el disco solar (puedes seguir mirándote el pulgar mientras lo haces), es probable que el aire esté muy limpio y contenga muy pocos aerosoles, ya que hay poca dispersión aparte de la luz azul. Los cielos de color azul intenso también se observan con más frecuencia durante periodos de baja humedad relativa y cantidades reducidas de vapor de agua atmosférico; esto se debe a que es poco probable que los aerosoles presentes se activen, lo que reduce así la posibilidad de dispersión.

A lo largo de los siglos, la aparición de humo, polvo, calima o aerosoles activados en los cielos ha supuesto a menudo un reto, e incluso una oportunidad, para que diversos maestros del arte intentaran captar no sólo el realismo meteorológico, sino también las emociones subjetivas y expresionistas que nos transmiten esas escenas y vistas.

15. **Estanque de Branch Hill, Hampstead, de John Constable, ca. 1821–1822**
Constable capta un cielo calimoso al oeste/suroeste de Londres, con un énfasis característico en la luz difusa y un haz solar debilitado dispersado tanto por las nubes como por los aerosoles. Las nubes de nivel medio dominan la escena del cielo superior, con un *Altostratus* gris o posiblemente incluso un *Altocumulus lenticularis duplicatus* forzado orográficamente evidente (centro a la izquierda). En estos niveles, el viento fluye de abajo a la derecha hacia arriba a la izquierda (es decir, un flujo de aire del noroeste). Sin embargo, las condiciones en superficie siguen siendo estables y anticiclónicas.

16. *La playa de Calais en marea baja con pescaderas francesas recogiendo cebo*, de J. M. W. Turner, 1830

Aquí, miramos al oeste de Calais, hacia la puesta de Sol. Una luz difusa y pálida, y un cielo brumoso dominan la escena, evocando un gran bochorno. Es probable que haga calor, con amenaza de truenos, evidenciada por una única torre de *Cumulonimbus calvus* localizada en la distancia. Prominentes rayos crepusculares (a la izquierda del centro, véase la página 80) emanan de otras posibles torres de convección situadas más allá del horizonte visible.

6

5

4

3

«Les da forma, nombre
y espacio de existencia
a cosas etéreas que
no son nada».

William Shakespeare, *Sueño de una noche de verano*, acto 5, escena 1

2

1

ESPECIES DE NUBES BAJAS

ÁRBOL GENEALÓGICO DE LAS NUBES BAJAS

Las nubes se clasifican según el nivel en el que se forma su base, y el grupo de las nubes de nivel bajo incluye todas las nubes cuya base se forma en algún punto entre la superficie de la Tierra y una altura de 2000 metros (6500 pies). En este grupo, hay cinco géneros: *Stratus*, *Nimbostratus*, *Stratocumulus*, *Cumulus* y *Cumulonimbus*. Dentro de cada género hay especies, con determinadas características físicas específicas o comportamientos distintivos; en total hay trece especies exclusivas dentro del grupo y otras veintidós variedades compartidas y no exclusivas, rasgos suplementarios y nubes accesorias.

Iremos de abajo arriba, como corresponde a las nubes. Por lo general, tanto *Stratus* como *Nimbostratus* son los más bajos. Son las nubes grises que cubren las cimas de las colinas y traen la niebla a la costa; en las ciudades oscurecen las cimas de los edificios más altos. El *Stratus* tiene dos especies: *nebulosus*, una lámina uniforme, y *fractus*, una capa fragmentada. Por lo general, el *Stratus* sólo se diferencia del *Nimbostratus* por la precipitación constante que acompaña a este último. De forma un tanto confusa, el *Nimbostratus* está codificado por la OMM como una nube media junto con el *Altostratus* (véase la página 140), aunque su base se encuentra siempre a un nivel bajo.

Los otros tres géneros de nubes bajas son *Stratocumulus*, *Cumulus* y *Cumulonimbus*. Suelen ser productos directos o subproductos de la convección (térmicas de aire ascendente), uno de cuyos requisitos es una capa superficial de aire bien mezclada (o «capa límite»), y suelen tener bases algo más altas que el *Stratus* o el *Nimbostratus*, que por lo general comienzan entre los 300 y 1500 metros (1000 y los 5000 pies) sobre el nivel del suelo.

El *Stratocumulus* es una capa gris bastante apagada y grumosa, y tiene cinco especies: *stratiformis*, *lenticularis*, *castellanus*, *floccus* y *volutus*.

Por su parte, el *Cumulus*, el montón parecido a una coliflor, consta de cuatro especies: *congestus*, *mediocris*, *humilis* y *fractus*. Una característica clave del Cumulus bien desarrollado es su típica base plana y nivelada, consecuencia directa de una capa límite superficial bien mezclada.

La más profunda y alta de todas las nubes es el *Cumulonimbus*, el rey de las nubes; sólo se clasifican como «bajas» debido al lugar donde se origina su base. En realidad, son los auténticos amos de los tres niveles de nubes y suelen elevarse hasta el borde de la tropopausa.

CLASIFICACIÓN DE LAS NUBES BAJAS

GÉNERO	ESPECIE, VARIEDAD, NUBE MADRE U OBSERVACIÓN GENERAL	<u>*</u>	<u>o</u>
Cumulonimbus (Cb)	*Cumulonimbus capillatus* (Cb cap) ———	$C_L=9$	
	Cumulonimbus calvus (Cb cal) ———	$C_L=3$	
Cumulus (Cu)	*Cumulus congestus* (Cu con) ———	$C_L=2$	
	Cumulus mediocris (Cu med) ———	$C_L=2$	
	Cumulus humilis (Cu hum) ———	$C_L=1$	
	Cumulus fractus (Cu fra) ———	$C_L=1$	
	Cumulus y *Stratocumulus* con bases a diferentes niveles	$C_L=8$	
Stratocumulus (Sc)	*Stratocumulus cumulogenitus* (Sc cugen) ———	$C_L=4$	
	Stratocumulus castellanus (Sc cas) ———	$C_L=5$	
	Stratocumulus lenticularis (Sc len) ———	$C_L=5$	
	Stratocumulus stratiformis (Sc str) ———	$C_L=5$	
Stratus (St)	*Stratus nebulosus* (St neb) ———	$C_L=6$	
	Stratus fractus (St fra) ———	$C_L=7$	

<u>*</u> Código de la OMM   <u>o</u> Símbolos internacionales de las nubes

Códigos, abreviaturas y símbolos respectivos de la OMM para las nubes bajas seleccionadas. Por ejemplo, si se observa un *Cumulonimbus* congelado, el código que se registra es CL=9. Sin embargo, no todas las nubes están representadas (la ausencia de las *lenticularis* es la más evidente), así como muchas otras variedades, rasgos suplementarios y nubes accesorias. Además, el *Nimbostratus*, aunque casi siempre es una nube baja, se codifica en niveles medios (en beneficio de la previsión meteorológica y la aviación).

NUBES CUMULIFORMES

Cuando el aire se calienta desde abajo, se eleva por iniciativa propia hasta alcanzar un nivel de flotabilidad neutra, del mismo modo que una pelota de playa se dispara hacia arriba tras mantenerla bajo el agua (página 44), o un globo aerostático de los hermanos Montgolfier se eleva cuando se llena de aire caliente (página 45). Los meteorólogos denominan «convección» a este proceso de ascenso libre del aire.

Sin embargo, cuando la superficie de la Tierra se calienta lo suficiente como para que la capa de aire más cercana a la superficie se vuelva inestable, el aire no se eleva como un solo bloque o capa, sino que su ascenso se produce en muchas térmicas individuales o «corrientes ascendentes». Para compensar la pérdida de aire hacia arriba en las térmicas ascendentes, el equilibrio hidrostático de la atmósfera garantiza que las regiones situadas fuera de las corrientes ascendentes y sus nubes asociadas tenderán a descender ligeramente (pero, por lo general, más despacio y en una zona más amplia). Un ejemplo clásico es el *Cumulus radiatus*, más conocido como «calles de nubes» (página 96), que consiste en vórtices convectivos paralelos alternos de aire ascendente y descendente.

Casi todas las nubes cumuliformes de nivel bajo se forman debido a un calentamiento desde abajo. En tierra, suele ser por el Sol (o, en raras ocasiones, por un volcán). En los océanos, es la temperatura de la superficie del mar la que determina en gran medida la aparición de la convección. Las masas de agua interiores relativamente cálidas, como los grandes lagos, también pueden producir una fuerte convección cuando una masa profunda de aire frío se desplaza sobre su superficie, sobre todo en otoño y a principios de invierno.

Sin embargo, las nubes cumuliformes de nivel medio y alto no suelen deber su origen al calor procedente de la superficie terrestre, sino más bien al movimiento de las corrientes de aire asociadas a los sistemas meteorológicos a gran escala, como cuando una capa de aire frío se ve forzada a pasar sobre otra más cálida, desencadenando una convección aislada de la superficie, como la que se observa en los *Altocumulus* o *Cirrocumulus castellanus* (páginas 152-153).

Sin embargo, el poderoso *Cumulonimbus* rompe todas las reglas. En su encarnación más severa, las corrientes ascendentes individuales pueden llegar a alcanzar los 1,6 kilómetros (una milla) de diámetro y elevarse a velocidades de 160 km/h (100 mph), y se disparan hacia arriba desde el nivel bajo hasta los niveles medio y alto de la troposfera en tan sólo unos minutos.

1.

1. ***Estudio de nubes Cumulus,
   de John Constable, 1822***
   Hoy en día, el estudio de
   Constable más bien se titularía
   Estudio de nubes cumuliformes,
   ya que los mechones y bultitos
   cumuliformes representados
   («castillos de helado en el aire») se
   parecen más a los de la especie de
   nivel medio *Altocumulus castellanus*
   (página 152) que a los de su prima
   de nivel bajo, *Cumulus*. No es
   culpa de Constable, ya que hacía
   menos de 20 años que Howard
   había propuesto por primera vez
   Cumulus; pasaría otro medio
   siglo antes de que se aceptaran los
   géneros «Alto» de nivel medio.
   Aquí se nos dice que es una cálida
   tarde de septiembre en la que
   sopla un viento fresco del este.
   Por lo tanto, no es descabellado
   deducir que la atmósfera se está
   desestabilizando, de lo que el
   Altocumulus castellanus es un
   conocido precursor.
   Además, las rayas de nubes
   cirriformes de nivel alto (página
   166) del fondo indican la posible
   aproximación de sistemas
   meteorológicos. Mientras tanto,
   la abundante calima (abajo a la
   derecha) procedente de fuentes
   locales, y también posiblemente
   externas, indica una considerable
   dispersión de la luz más cercana
   al Sol, condiciones a menudo
   favorecidas por Constable.

2.

CUMULUS (Cu)

2. ***Shinnecock Hills,* de William Merritt Chase, ca. 1895**
Parches de «cúmulos de buen tiempo» (*Cumulus humilis,* junto con algunos restos de *fractus*) son evidentes en este bonito día, sobre Long Island, en Nueva York. El sol brilla con fuerza, el aire es fresco y limpio, y ambos habrán ayudado a Chase a captar los vibrantes e impresionantes colores de la tierra y el cielo. La visibilidad también es excelente sobre el mar azul profundo (izquierda, centro).

Cumulus
Cu

LA NATURALEZA DEL *CUMULUS*

La nube arquetípica que le viene a todo el mundo a la mente es el *Cumulus*, desde los primeros garabatos de un niño pequeño hasta los gráficos conceptuales de la presentación en PowerPoint de un ejecutivo cuando explica la ubicación de sus servidores y bases de datos que residen «en la nube». El característico borde superior espumoso de un *Cumulus* brillante recién formado, que sobresale de una base más oscura pero mayoritariamente plana y homogénea, es un símbolo omnipresente en Internet y se puede encontrar como icono en la mayoría de las aplicaciones meteorológicas, sea cual sea el tipo de nubes que se prevea que lleguen.

¿De dónde viene esa predilección por el *Cumulus* como prototipo de nube? Quizá se deba a su naturaleza fractal, atributo común a todo el mundo natural, por el que su forma y geometría se conservan en todas las escalas, tanto grandes como pequeñas, debido a un principio conocido como «autosimilitud». Como consecuencia, cuando se observa una nube *Cumulus* desde la ventanilla de un avión, puede desorientar, ya que es difícil juzgar su altura, longitud y escala sin un buen punto de referencia en tierra. O tal vez porque las nubes *Cumulus*, cuando se forman sobre tierra, son en gran medida más diurnas que nocturnas, como nosotros, y deben su origen a las térmicas creadas por la superficie terrestre tras ser calentada por el sol de la mañana.

Cómo surge un *Cumulus*

Las nubes *Cumulus* se forman cuando hay inestabilidad en las capas más bajas de la atmósfera. Inestabilidad significa que el aire tiende a elevarse por voluntad propia, debido a la flotabilidad (página 44), como el globo aerostático de los hermanos Montgolfier o la pelota de playa que siempre sale disparada hacia la superficie del agua. En ambos casos, el aire sólo intenta volver a un nivel de flotabilidad neutra.

En la atmósfera, la inestabilidad puede aparecer de muchas formas, aunque la más común suele ser cuando el Sol calienta la superficie de la Tierra por la mañana, produciendo una térmica de aire que no tarda en calentarse más que el aire que hay sobre ella. Entonces empieza a subir debido a su propia flotabilidad natural. A mayor escala, la «advección», o movimiento de masas de aire, también puede provocar la aparición de inestabilidad, por ejemplo, cuando una masa de aire frío y seco (como la que sigue a un frente frío) se desplaza sobre una superficie cálida (como una superficie oceánica cálida). Esta inestabilidad continuará, tanto de día como de noche, mientras se mantenga el suministro de aire frío y la temperatura del agua del océano siga siendo lo bastante cálida como para que la evaporación cree térmicas ascendentes húmedas. Estas situaciones meteorológicas son frecuentes sobre los océanos Pacífico y Atlántico Norte cuando el aire frío drena los continentes cercanos (véase la ilustración de la página 44).

3.

3. ***A orillas del mar,*** **de William Merrit Chase, 1892**

En un estilo más realista que el de Constable, Chase pintó esta escena en un bonito día, en Long Island, Nueva York. *Cumulus humilis* poco profundos de buen tiempo se acumulan en la parte superior pero, en la distancia, ya se han extendido y aplanado en parches de *Stratocumulus perlucidus*, lo que indica una probable presencia de inversión anticiclónica. El yate y las olas agitadas sugieren que las sombrillas pueden estar actuando más como cortavientos que como parasoles.

LA GEOMETRÍA DEL *CUMULUS*

Existen cuatro especies de *Cumulus*. Enumerados por orden creciente de volumen, serían: *fractus*, *humilis*, *mediocris* y *congestus*.

Cumulus fractus

La especie *fractus* del *Cumulus* está formada por volutas de nube irregulares o dispersas bien separadas. El *Cumulus fractus* suele formarse sobre tierra a primera hora de la mañana por la acción de las primeras térmicas ascendentes de aire, y se va saturando de manera temporal a medida que ascienden y se mezclan con aire más seco. Se evaporan muy deprisa, en cuestión de segundos, sólo para ser sustituidas por otras, o para dar paso poco a poco a térmicas más potentes a medida que la convección diurna se hace más fuerte.

Cumulus humilis

Las células nubosas de *Cumulus humilis*, que representan la siguiente etapa en el desarrollo de la familia *Cumulus*, permanecen relativamente pequeñas y bien separadas, y son más anchas que altas en el plano horizontal. En una agradable tarde de verano, es frecuente observarlas en un estado casi armónico de ascenso moderado, suave vuelco, descomposición por evaporación y renacimiento en las proximidades, todo ello en el transcurso de apenas 5 o 10 minutos; la mejor forma de revelar todo el proceso es utilizando la técnica de la cámara rápida. Debido a su limitada extensión vertical y a su corta vida, no producen precipitaciones, por lo que a los *humilis* se les suele denominar «cúmulos de buen tiempo».

Cumulus mediocris

Por su parte, el *Cumulus mediocris* es el hermano mayor del *humilis*, algo más animado y enérgico. Con térmicas más potentes que dan lugar a turbulencias moderadas dentro de la nube, la especie *mediocris* es casi tan ancha como alta, lo que prolonga su vida (quizá 20-40 minutos). Una vez más, tiende a existir en un estado de casi equilibrio en un día relativamente bueno, ascendiendo más deprisa que el *humilis*, volcándose, evaporándose y, al final, renaciendo cerca. En ocasiones, sin embargo, unas pocas células *mediocris* pueden mostrar «tendencias adolescentes» y empezar a salirse del patrón regular, creciendo algo más que sus vecinas y produciendo un poco de precipitación. Lo curioso es que, debido a los diferentes núcleos de condensación de nubes que contiene el *Cumulus* marítimo en comparación con el *Cumulus* continental (página 59), la versión marítima del *mediocris* tiene más probabilidades de producir precipitaciones, aunque por lo general no pasa de un breve chubasco pasajero.

4.

5.

6.

4. ***Estudio de nubes*, de Knud Baade, 1838**
Un retrato un tanto idealista del *Cumulus fractus*: escuálido, carente de estructura e iluminado por un sol noruego muy bajo, cerca del crepúsculo. Es posible que estas nubes sean restos (*pannus*) de un gran *Cumulus* o *Cumulonimbus* de lluvia anterior.

5. ***Paisaje con cúmulos*, de Andreas Schelfhout, ca. 1839**
Torreones de *Cumulus fractus* y *mediocris* a punto de convertirse en *Cumulus congestus* de mayor tamaño, inclinados por un viento que va creciendo con la altura de izquierda a derecha, e iluminados por un sol bajo. A mayor altitud se observan algunos parches de nubes (de hielo) blancas cirriformes, con el cielo azul como telón de fondo. Es posible que se aproxime un frente en las próximas 12-24 horas.

6. ***El mar en calma*, de Gustave Courbet, 1869**
Aunque el título dice «calma», ni el océano ni sobre todo las nubes son indicativos de tranquilidad. Los veleros y una superficie del mar agitada con algo de espuma blanca sugieren una brisa fresca, mientras que las nubes inusualmente bajas indican un alto grado de inestabilidad en las capas atmosféricas más cercanas a la superficie marítima. La yuxtaposición de volutas de nubes blancas y grises parece fuera de lugar desde el punto de vista meteorológico. ¿Puede que Courbet añadiera las nubes más tarde para crear efecto?

7.

8.

Cumulus congestus

Por su parte, el *Cumulus congestus* es el adolescente de la familia, que crece poderosa, rápida y valientemente hacia arriba, pero que sigue sin alcanzar la madurez, estatus sólo reservado para el (poderoso) género aparte de *Cumulonimbus* (página 126). *Congestus* es fácilmente identificable por sus elevadas torres de espumosos *Cumulus*. La nube es más alta que ancha, con un sorprendente brillo en su superficie superior fractal, similar a una coliflor, iluminada por el sol, pero con una base oscura y amenazadora que conlleva el riesgo de fuertes chubascos localizados (rasgos suplementarios *praecipitatio* o *virga*), granizo y vientos racheados. En raras ocasiones, puede incluso producir una nube *arcus* (página 202) o, con menor frecuencia, *tuba* (página 206).

Calles de nubes

La variedad *radiatus* del *Cumulus* hace referencia a las líneas regulares o «calles» de la nube que se alinean en paralelo a la dirección predominante del flujo de aire (viento). Por tanto, las calles de nubes, en dirección contraria al viento, parecen propagarse desde un único punto cercano al horizonte o justo por debajo de él. Cada calle de nubes suele estar separada por unos kilómetros de aire despejado. Las propias nubes se asientan sobre la parte superior de un sistema de vórtices convectivos horizontales que no dejan de advectar a sotavento (en esencia, son largos cilindros de aire en contrarrotación paralelos entre sí y alineados con el viento). *Radiatus* suele materializarse más en la especie *Cumulus mediocris*, pero también puede darse con *humilis* y, en ocasiones, *congestus*. La variedad *radiatus* también es común al *Stratocumulus*, así como al *Altostratus*, Altocumulus y *Cirrus*, aunque con mecanismos de formación diferentes.

Debido al gran contenido de agua líquida de las nubes *Cumulus*, y a sus superficies superiores brillantes y reflectantes, crean grandes variaciones de luz y sombra en la Tierra cuando pasan por encima. Puede que eso explique por qué son tan fotogénicas y, cuando el Sol está bajo, pueden producir impresionantes rayos solares o rayos crepusculares (página 80) y, en ocasiones, incluso rayos anticrepusculares.

PILEUS, VELUM, Y *PANNUS*

Un *Cumulus* profundo y bien desarrollado o un *Cumulonimbus* normal puede presentar las nubes accesorias *pileus*, *velum* y *pannus*. *Pileus* y *velum* son similares a las nubes «en capuchón» de montaña (página 210), es decir, son nubes de tipo laminar y lenticular a través de las cuales la nube convectiva continúa creciendo con gran estridencia y de forma independiente, comportándose como si fuera la propia cima de una montaña y empujando el flujo de aire ambiental hacia su lado (produciendo una extensa falda de *velum*) o sobre su parte superior (formando un capuchón de *pileus*). Por su parte, *pannus* (fractostratos) es común a todas las nubes de precipitación, y consiste en volutas irregulares y jirones de nubes bajas o «fractostratos» situados por debajo de la base nubosa general, formados bien por la precipitación que se evapora al caer, bien por turbulencias locales.

---

7. **Vacas cruzando un vado, de Jules Dupré, 1836**
Deslumbrantes cimas blancas de hileras de *Cumulus mediocris radiatus*, a punto de convertirse en *Cumulus congestus*. También hay algunos parches de *pannus* o *fractus*. Pueden producirse fuertes chubascos.

8. **Paisaje con ganado en Limousin, de Jules Dupré, 1837**
El cielo constituye la parte principal de esta representación de una escena rural en Francia. Es probable que sople una brisa moderada o fresca del oeste procedente del Atlántico (las lluvias recientes han mantenido los cielos limpios y el paisaje verde). A lo lejos podemos ver al menos seis filas paralelas de «calles de nubes» (*Cumulus mediocris radiatus*), alineadas en paralelo al viento. Algunas de ellas se han extendido en parches de *Stratocumulus* más cerca de la ubicación del artista.

9. *Estudio de nubes*, **de Frederic Edwin Church, 1871**
   Esponjosos torreones de *Cumulus congestus radiatus* se alinean con esmero en una calle de nubes (*radiatus*). La prominente base nivelada indica un entorno turbulento y adiabático bien mezclado en el aire por debajo de la nube. Es probable que el viento de superficie sople de derecha a izquierda, ya que las nubes se vuelven más profundas más abajo, hacia la izquierda. Brisas frescas de nivel medio parecen inclinar los torreones cercanos en direcciones alternas.

10. *Anochecer cerca de Olana*, **de Frederic Edwin Church, 1872**
    No podemos ver bien la base de este imponente *Cumulonimbus calvus*, debido a que ya se ha puesto el sol en la superficie y sólo los últimos rayos del sol iluminan la parte superior de la nube. La presencia de fractostratos (*pannus*) irregulares de nivel bajo por delante de la nube sugiere un entorno húmedo con lluvia cercana.

BASES PLANAS

La familia *Cumulus* debe su origen a la turbulenta y bien mezclada capa más baja de la troposfera; eso significa que las características de la masa de aire de una reducción fija de la temperatura con la altura (conocida por los meteorólogos como «tasa de caída adiabática») y cantidades bastante uniformes de humedad permanecen constantes en toda la región subnubosa. Salvo que se produzcan cambios significativos en el perfil de calor y humedad de la corriente de aire durante las horas diurnas, el aire que se eleva hacia las nubes *Cumulus* tenderá a saturarse justo a la misma altitud, dando lugar al rasgo característico y frecuentemente observado de estas nubes: sus bases niveladas. Así que, aunque el interior de las nubes *Cumulus* es muy turbulento, suele observarse una base de nube horizontal muy uniforme, que se mantiene a una altitud constante, a medida que las nubes se desplazan por el paisaje, lo que confiere armonía a un proceso que, de otro modo, sería caótico.

Fue esa propiedad de «base nivelada» de las nubes *Cumulus* la que Ruskin utilizó en *Modern Painters* (1857), junto con la de las nubes estratificadas como *Altostratus*, *Altocumulus* y *Cirrocumulus*, en sus intentos de aplicar las reglas de la perspectiva y la geometría a la apariencia natural de la formación de las nubes (página 39).

Bases perturbadas

Por el contrario, en las raras ocasiones en las que el *Cumulus* no tiene base plana y es irregular, eso nos dice algo valioso sobre la atmósfera más baja, ya sea que el aire no está bien mezclado, que hay un límite de masa de aire cerca (como un frente meteorológico) o que algo local está perturbando el flujo de aire (por ejemplo, una montaña). Otra posibilidad es que sea la propia nube la que se encargue de generar su propio clima, como demuestran los rasgos suplementarios o las nubes accesorias, como *virga* o *pannus*, creados por turbulencias locales bajo su base. Con mucha menos frecuencia y, por lo general, asociada a un *Cumulonimbus*, puede aparecer una *tuba* (nube embudo) en la base, consecuencia de la rotación de la nube. *Murus* y *cauda* (nubes accesorias del *Cumulonimbus*, página 126) son pruebas directas de que la propia nube, y no el flujo de aire ambiental, controla por completo el entorno. Es así como la nube genera su propio clima, con frecuencia severo.

9.

10.

CUMULUS ANABÁTICO

11. *Torrente en las Tierras Altas*, de Gustave Doré, 1881
Formaciones dispersas de *Cumulus fractus* sobre zonas altas iluminadas por el sol. Es probable que Doré pintara esta escena a primera hora de la mañana, ya que el sistema de circulación del aire entre la montaña y el valle aún no se ha establecido por completo; la niebla del valle permanece a la sombra del pico más grande de la montaña, aún poco alterado.

En un día cálido de primavera o verano, es probable que hayas observado que las nubes *Cumulus* prefieren formarse sobre las cimas de colinas y montañas. Lo mismo ocurre sobre las islas oceánicas: el *Cumulus* diurno se forma muy deprisa y permanece anclado de forma bastante persistente sobre islas apartadas y zonas costeras cercanas. A lo largo de los siglos, los navegantes y exploradores han utilizado este conocimiento como una pista vital a la hora de buscar tierras ocultas en el horizonte.

Esto ocurre por una razón muy sencilla. A una determinada altitud, las térmicas ascendentes reducen la presión atmosférica sobre la superficie de una montaña más que sobre los valles adyacentes. La presión atmosférica disminuye con el aumento de la temperatura, porque

el aire caliente es menos denso que el aire frío. El mismo proceso se produce en las islas: el aire se calienta más sobre la isla que a la misma altura sobre el mar circundante. Esto provoca un gradiente barométrico horizontal entre las dos zonas, y como el aire fluye sobre todo horizontalmente, se establece un sistema temporal de circulación del aire.

Las brisas «anabáticas» (del griego «ascender») soplan ladera arriba hacia la cumbre de la montaña, produciendo nubes *Cumulus*. Una corriente de aire descendente correspondiente vuelve sobre el valle, y da lugar a cielos despejados. El mecanismo completo se conoce como «sistema de circulación de aire montaña-valle». Alrededor de una isla oceánica se da el mismo proceso; la brisa marina de la tarde sopla hacia la costa de forma convergente alrededor de la isla, con una corriente de aire correspondiente que regresa al mar a una altitud de unos pocos miles de metros.

12.

NUBES ESTRATIFORMES

12. *Greifswald a la luz de la luna*, **de Caspar David Friedrich, 1817**

Transmite la sensación de una fría y gris tarde de invierno en Greifswald, la ciudad natal de Friedrich. Dado que se puede distinguir el disco lunar tras la aguja de la catedral de San Nicolás, la variedad de nube es translúcida.

Debido a su aspecto gris, la capa de nubes principal es probablemente *Altostratus*, con un toque de *undulatus* (centro superior). A lo lejos, parece haber algunos huecos (variedad *perlucidus*). Una fina neblina o calima superficial también parece impregnar la mayor parte de los alrededores de la ciudad.

Las capas nubosas suelen ser
el resultado de corrientes
ascendentes de aire que
han tenido que propagarse
lateralmente, con lo que queda
frenado cualquier movimiento
vertical fuerte por una «capa
de inversión». La inversión
suele ser una capa invisible
de aire más cálido y seco con
mayor estabilidad que se sitúa
justo encima de las térmicas
ascendentes. El resultado es que
la energía de flotabilidad de las
térmicas ascendentes desaparece
muy deprisa, de modo que se
transfiere el impulso hacia los
laterales.

*13. **Nubes púrpuras**, de John
Ruskin, 1868*
Las nubes estratiformes o en capas
se observan con mayor frecuencia
poco antes del amanecer, por la
sencilla razón de que el Sol aún
no ha calentado la superficie lo
bastante como para producir
térmicas de aire ascendente. Aun
así, puede producirse un poco
de convección en la superficie
superior de las capas nubosas
durante la noche, debido al
enfriamiento de la cima de las
nubes por la radiación infrarroja,
y se forman a veces *Altocumulus*
o *Cirrocumulus*. Aquí vemos
mechones dispersos de lo que
parecen ser *Altocumulus* muy
iluminados por los primeros rayos
del Sol naciente (situados justo
abajo a la izquierda). Es probable
que las otras capas de nubes sean
Altostratus o nubes cirriformes
gruesas; también hay algunas rayas
de *virga* (parte superior central y
derecha).

NUBES ESTRATIFORMES

En las redes sociales, muchos tendemos a sesgar nuestros perfiles destacando los momentos más importantes y coloridos de nuestras vidas y excluyendo nuestras actividades más mundanas. Y lo mismo ocurre con las nubes. Las grandes, las bonitas y las verticalmente dramáticas acaparan la atención de los medios de comunicación y tienden a sobreexponerse en Internet (piensa en *Cumulonimbus*, tornados y tormentas), mientras que nubes en capas o «estratiformes», mucho más comunes y aparentemente banales, como *Nimbostratus*, *Stratus* o *Stratocumulus*, no suelen suscitar tanto entusiasmo.

Las capas, tanto de nubes como de aire, están por todas partes y no son tan aburridas como podría parecer, a pesar de que las nubes estratiformes son, con diferencia, el tipo de nube más común. Para empezar, las nubes en capas como el *Stratus* pueden decirnos algo sobre el estado de la atmósfera. Por lo general, podemos adivinar su procedencia (dónde y cómo se han formado, que suele ser como una nube más joven y con mayor flotabilidad) y también puede indicarnos cuál puede ser el pronóstico.

A veces, las capas planas de nubes ni siquiera son eso: están inclinadas, pero con gradientes suaves y en gran medida imperceptibles, muchas veces menos pronunciados que las pendientes de los trenes de largo recorrido. En su interior, el aire sólo puede estar elevándose unos milímetros por segundo. Desde el suelo, estas pendientes casi no se pueden distinguir del horizonte, por lo que las percibimos como capas planas. En otras ocasiones, las capas de nubes pueden apilarse (variedad *duplicatus*) unas sobre otras y cada capa va descendiendo progresivamente a medida que se aproxima un frente meteorológico. Sin embargo, lo más frecuente es que se formen por la propagación horizontal de corrientes de aire previas que ascendían verticalmente (véase el recuadro).

Así es como se forman nubes *Stratus* o *Stratocumulus* a niveles bajos. En los niveles medios, *Altostratus* y *Altocumulus* pueden disponerse de igual manera y lo mismo es aplicable a las nubes cirriformes a niveles altos.

13.

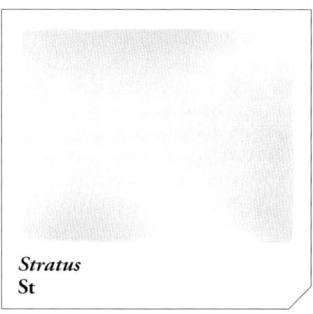

Stratus
St

ÍNDICE	
Género	*Stratus*
Códigos de la OMM	C_L=6, 7
Latín	'capa'
Especies	*nebulosus* (neb) *fractus* (fra)
Variedades	*opacus* (op) *translucidus* (tr) *undulatus* (un)
Rasgos suplementarios	*praecipitatio* (pra) *fluctus* (flu)
Nubes accesorias	Ninguna
Aspecto	Opaco, bajo, gris
Frecuencia	Común

LA NATURALEZA DEL *STRATUS*

Stratus ('capa' en latín) es la más baja de las nubes en capa y se correspondería con un manto de nubes grises bastante monótono y sin rasgos característicos cuya base suele estar a menos de 300 metros (1000 pies) por encima de nuestras cabezas. Es un visitante habitual en los fríos días de invierno de los climas húmedos de las latitudes medias. El *Stratus* es, en sentido estricto, una nube de nivel bajo; si la nube se extendiera a niveles medios o superiores y de ella cayera lluvia o nieve, entonces se describiría con un género distinto, *Nimbostratus* (página 122).

La longevidad del *Stratus*

El *Stratus*, cuando se mantiene cerca de la superficie, es una de las nubes más longevas. Esto se debe a que los vientos en la troposfera inferior son, por lo general, mucho más ligeros que en altitudes superiores y, en consecuencia, la mezcla de aire, sobre todo durante situaciones de altas presiones estancadas (anticiclónicas) en invierno, es limitada o incluso inexistente. Por lo tanto, las capas de *Stratus* cercanas a la superficie pueden persistir sobre regiones continentales durante días y días en invierno, o incluso durante semanas, sobre todo si la nube baja está rodeada de montañas y bien protegida de la invasión de otras masas de aire. En estas situaciones, que suelen asociarse a una mala calidad del aire en las zonas industriales, el enfriamiento radiativo de la cima de las nubes durante las largas noches de invierno mantiene una condición de casi equilibrio, sin que la débil luz solar invernal consiga dispersarlo durante los cortos días de invierno.

El *Stratus* también se puede encontrar con frecuencia sobre el océano, a menudo en asociación con su primo cercano, el *Stratocumulus* (página 118). Estas extensas capas de nubes estratiformes marítimas, tal y como revelan los análisis de imágenes de satélite del último medio siglo, son omnipresentes. Son consecuencia de un enfriamiento persistente de la cima de las nubes (por radiación infrarroja al espacio), combinado con una evaporación suave pero constante, durante todo el día, a diario, de la superficie del océano. Esto, a su vez, genera un ambiente insistentemente húmedo cerca de la superficie. En presencia de una inversión térmica troposférica a nivel bajo, como suele ocurrir en las «células de Hadley» subtropicales, cualquier convección nubosa ascendente se acaba extendiendo en capas de *Stratus* o *Stratocumulus*. El equilibrio hidrostático (página 52) en la atmósfera también ayuda a mantener un estado estable de equilibrio, que evita cualquier movimiento vertical repentino del aire que pudiera perturbar la nube.

El *Stratus* también puede formarse por el suave descenso de aire frío saturado cuando se acumula en valles resguardados durante la noche, o en llanuras, tras descender desde las montañas y laderas frías circundantes; la acumulación de aire frío puede alcanzar una profundidad de hasta 300 metros (1000 pies). Este tipo de *Stratus* es común en amplias zonas de Europa central durante periodos de tiempo anticiclónico en invierno, y las cumbres montañosas (por ejemplo, el Macizo Central

14.

15.

14. ***Estudios de cumbres alpinas,*** **de John Ruskin, 1846**
En este aparente montaje de cumbres alpinas, los picos de las montañas se elevan con majestuosidad sobre un mar de *Stratus*, como si fueran *nunataks* de Groenlandia que sobresalen por encima de la capa de hielo. Las rayas difusas a la altura de las cimas pueden representar parches de *Altostratus* (página 140) o incluso *Cirrus radiatus* (página 171). También pueden ser partes de nubes bandera (página 210) o simplemente nieve arrastrada por el viento.

15. ***Champagnole,*** **de John Ruskin, 1846**
De color gris tinta (con un toque de añil), *Stratus* o *Stratocumulus* se extienden de izquierda a derecha sobre el macizo del Jura y su color se refleja en las tonalidades de las colinas cercanas. Cabe esperar un empeoramiento del tiempo, con descenso de las bases nubosas a medida que vaya aumentado la nube. En el valle inferior se aprecian rastros de neblina o calima, con una mancha de *silvagenitus* (página 194) formándose sobre los árboles de coníferas, lo que indica precipitaciones recientes.

o los Alpes) suelen elevarse de forma espectacular sobre un mar de nubes que les hace parecer *nunataks* (islas glaciares) de Groenlandia.

En esta situación meteorológica, una fuerte inversión térmica, acoplada y potenciada por el enfriamiento radiativo (en longitudes de onda infrarrojas) en la parte superior de la nube, mantiene un equilibrio persistente y estable. Con la convección inversa en funcionamiento, el aire frío de la parte superior de la nube vuelca y se hunde en la nube debido a su mayor densidad como consecuencia del enfriamiento.

LA GEOMETRÍA DEL *STRATUS*

Stratus tiene dos especies: *nebulosus* y *fractus*. *Nebulosus* se utiliza para describir una capa gris uniforme, sin rasgos, borrosa y monótona, y es la especie más común de *Stratus*, la que podríamos encontrar en un día de invierno apagado, frío y seco. Se observa mejor desde arriba, en un avión o sobre la cima de una montaña, desde donde, en ocasiones, se puede ver una enorme sombra o «espectro de Brocken».

Por el contrario, y al igual que el *Cumulus* (página 90), la especie *fractus* del *Stratus* consiste en mechones de nubes bajas e irregulares, iniciadas por turbulencia o evaporación cerca de la superficie terrestre, que se forman bajo la base nubosa más general a una altitud de sólo unos cientos de metros. El *Stratus fractus* suele observarse sobre las copas de los bosques poco después de que deje de llover, cuando recibe el nombre especial de «nube madre», *silvagenitus* (página 194).

Stratus también tiene tres variedades (*opacus*, *undulatus* y *translucidus*) y dos rasgos suplementarios (*praecipitatio* y *fluctus*). Estos nombres se explican por sí solos: *opacus* es opaco a los rayos directos del Sol (su disco permanece oculto a la vista), mientras que *translucidus* deja pasar algo de luz (el contorno del disco solar es visible). La variedad *undulatus* hace referencia a patrones ondulatorios visibles en la nube; pueden formarse ondas o nubes onduladas transitorias cuando el viento empieza a aumentar justo por encima de la superficie superior de la nube, o pueden formarse grandes ondas cuando el aire fluye por encima o alrededor de colinas o montañas cercanas. Si la velocidad del viento aumenta mucho dentro de la capa de nubes, es probable que todo el manto se rompa y se disipe en poco tiempo.

Por su parte, si se observan pequeñas olas rompientes en la superficie superior del manto de *Stratus*, estas pueden convertirse en bonitas olas rompientes transitorias conocidas como *fluctus* (página 198). Por último, se añade *praecipitatio* cuando cae una ligera llovizna o ráfagas de nieve de *Stratus*.

Visibilidad y niveles de luz

El *Stratus* es una nube de nivel bajo cuya base se sitúa cerca del suelo en condiciones de alta humedad relativa, por lo que, cuando está presente, la visibilidad suele estar muy restringida en la superficie terrestre, característica que comparte con el *Nimbostratus* y, de vez en cuando, con el *Stratocumulus*. Este no es siempre el caso de otras nubes estratiformes como *Altostratus* o *Cirrostratus*, ya que pueden situarse por encima de capas de aire más secas de nivel bajo.

El *Stratus* es rico en agua, por lo que atenúa considerablemente los rayos de sol cuando atraviesan la nube, confiriendo un carácter apagado y lúgubre a las condiciones en la Tierra. Sin embargo, el espesor medio de un manto de *Stratus nebulosus* suele ser de sólo 200 a 400 metros (600-1200 pies), por lo que deja pasar más luz que, por ejemplo, el *Nimbostratus*, ya que este último a veces también abarca niveles de nubes medias y altas.

16.

16. **Barcos de pesca encallados frente a Le Havre, de J. M. W. Turner, sin fecha**
Lo que parece una capa gris sin rasgos de *Stratus nebulosus* se extiende de forma monótona sobre el mar, con una pequeña interrupción de cielos más brillantes surgiendo en la distancia. La superficie del mar en calma y un barco inmóvil en primer plano indican vientos flojos y condiciones anticiclónicas.

El aire se hunde poco a poco
(hundimiento anticiclónico)

3000 m

Nieve

Aire más caliente y ligero
(menor densidad)

Alpes

1000 m

Aire frío y denso,
atrapado en el valle
(mayor densidad)

**Representación esquemática
del *Stratus* atrapado en un
valle del Cáucaso**
Si se estimula con un poco de viento
en su superficie superior, se creará
una oscilación armónica y regular.
El periodo de oscilación (el tiempo
entre sucesivas «mareas» altas o bajas)
solo depende de la profundidad del
aire frío atrapado, del contraste de
densidad entre este y el aire más
cálido situado por encima de la
inversión de intercepción, y de la
anchura del valle.

EL CHAPOTEO *SEICHE*

A primera vista, un cielo gris, encapotado y sin rasgos de *Stratus* no
suele evocar sentimientos de entusiasmo o euforia; más bien podríamos describirlo con adjetivos como deprimente, aburrido o monótono. Del mismo modo, la niebla espesa puede provocar sensación
de encierro y desorientación; también puede resultar molesta y es un
peligro cuando se viaja. Sin embargo, si eres perspicaz y dispones de
mucho tiempo libre, quizá puedas percibir algunos de esos comportamientos ocultos pero fascinantes del *Stratus*.

Al igual que el té en la taza, el agua en la bañera o las mareas en
el océano, los fluidos, aunque sólo se les perturbe un poco, tienden a
agitarse y oscilar de un lado a otro de forma periódica y armónica, sin
apenas perder energía en el proceso. El factor que perturba el té de tu
taza es el simple temblor de tu mano. En la bañera es bastante fácil encontrar la resonancia y que las olas se desborden por un lado; todos los
niños lo saben. En el océano, la gravedad del Sol y la Luna, el viento
y la línea costera local contribuyen a la forma en la que fluye la marea.

Cómo surge la oscilación
No es diferente de cualquier otro fluido cuando se ve mediado por
fuerzas externas, incluida la niebla superficial o la nube *Stratus* baja
atrapada en un valle o que cubre una llanura entre cordilleras durante
un intervalo anticiclónico de tiempo invernal. Con el tiempo, y si se
estimula con un poco de viento en su superficie superior, también em-
pezará a oscilar de forma regular y armónica. El periodo de oscilación
(el lapso de tiempo entre sucesivas «mareas» altas o bajas) sólo depende
de la profundidad del aire atrapado, más frío y denso; del contraste de
densidad entre éste y el aire más cálido y menos denso que se encuentra sobre él, y de la anchura del valle o la llanura en la que se encuentra.

Las animaciones a cámara rápida de niebla y *Stratus* grabadas por
cámaras web en cumbres alpinas de Suiza confirman estas oscilaciones regulares. El *Stratus* de los valles suizos tiene periodos de oleaje,
conocido como «seiches» por las oscilaciones de la superficie del agua
del cercano lago Lemán, que, por lo general, oscilan entre los 7 y los
20 minutos.

17. ***De Mleta a Gudauri,* de Ivan
Konstantinovich Aivazovsky,
1868**
Aquí la niebla se acumula en un
estrecho y profundo valle del
Cáucaso. Al igual que el paisaje,
la meteorología es exagerada: el
Stratus de valle suele tener una
superficie superior más lisa. Los
parches de nubes en la distancia
que rodean el pico nevado de la
montaña pueden ser volutas de
Cumulus fractus transitorios.

18. ***Una mañana en Flüelen
mirando al lago,* de J. M. W.
Turner, 1845**
Los seiches se observaron por
primera vez como oscilaciones
periódicas en la superficie del
agua del lago Lemán (Suiza).

17.

18.

19.

STRATOCUMULUS (Sc)

19. *Paisaje con nubes*, de John Constable, 1822

Este es un excelente retrato de un *Stratocumulus perlucidus cumulogenitus* o *Stratocumulus* que hace poco tiempo que se ha formado como consecuencia de la propagación de las corrientes ascendentes húmedas del *Cumulus*.

El elemento clave que lo distingue como *Stratocumulus* es que las células nubosas están unidas entre sí y no están separadas, con sólo rupturas ocasionales entre ellas (variedad *perlucidus*, la formación de *Stratocumulus* más brillante).

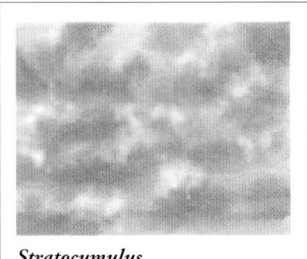

Stratocumulus
Sc

LA NATURALEZA DEL *STRATOCUMULUS*

El *Stratocumulus* (de *stratus*, que significa 'capa', y *cumulus*, que significa 'montón') es la nube de nivel bajo más común. Es omnipresente en los climas costeros de latitudes medias, así como en algunos interiores continentales durante el invierno. También se observa con frecuencia sobre los océanos.

Como su nombre indica, el *Stratocumulus* es una mezcla entre *Stratus* y *Cumulus*. En realidad, no es ninguna de las dos cosas, pero posee las cualidades menos atractivas de estos dos géneros, lo que lo convierte en un buen candidato para la nube que siempre decepciona. Al carecer de la brillante juventud flotante del *Cumulus*, y de la tranquilidad y reserva del *Stratus*, es la nube que ha quebrado la esperanza en muchos días de verano. Puede bloquear el sol y hacer que haga frío debido a la repentina formación y dispersión del *Stratocumulus cumulogenitus* (páginas 112-113) o por negarse a disolverse y desintegrarse en lo que, de otro modo, podría haber sido un buen día.

Al igual que el *Stratus*, el *Stratocumulus* suele formarse como una única capa de nubes bajas, pero es más grumoso, está más amontonado, y carece del carácter más relajado y laminar del *Stratus*. El *Stratocumulus* también carece de los fuertes movimientos verticales del fresco y burbujeante *Cumulus*; sin embargo, presenta movimientos verticales más suaves que, a diferencia de los del *Cumulus*, en gran medida se desplazan desde la parte superior de la nube hacia abajo. Además, el *Stratocumulus* prefiere un enfoque más lento, que a veces se prolonga durante horas, aunque, al igual que el *Cumulus*, no para de regenerarse mediante vuelco, pero a un ritmo suave. A pesar de estas diferencias significativas, tarde o temprano tanto *Cumulus* como *Stratus* pueden transformarse en una modificación más deprimente, como *Stratocumulus cumulogenitus* (páginas 112-113) o *Stratocumulus stratomutatus*.

Se reconocen cinco especies diferentes de *Stratocumulus* (*stratiformis*, *lenticularis*, *castellanus*, *floccus* y *volutus*), la cifra más alta de todas las nubes, y comparte estadísticas con su primo de nivel medio *Altocumulus*. La especie *stratiformis* es la más común y la pista de su naturaleza está en su nombre: *Stratocumulus stratiformis* describe una extensa capa de nubes gris y uniforme, algo amontonada y sin interrupciones claras.

Al igual que sucede con *stratiformis*, los géneros de nubes de nivel medio y alto *Altocumulus* y *Cirrocumulus* (véanse las páginas 148 y 180, respectivamente) comparten las especies *lenticularis*, *castellanus* y *floccus*. La nueva especie de nubes *volutus* también es común a *Stratocumulus* y *Altocumulus* (página 198).

A diferencia del *Cumulus*, que se mantiene gracias a las térmicas que se elevan desde la superficie terrestre, el *Stratocumulus* se alimenta de una circulación mucho más suave que surge del enfriamiento por radiación infrarroja de la superficie superior de la nube.

20.

21.   22.   23.

Paisaje vespertino después de la lluvia, de John Constable, 1821

20. Del cuadro de Constable podemos deducir que la troposfera inferior es condicionalmente inestable a una ligera convección, pero el pronóstico parece bueno. ¿Quizás había pasado un frente frío con lluvia por la región a primera hora de la mañana?

21. *Detalle:* En los cielos despejados que se aproximan, abundan los casos de nubes ondulatorias *Stratocumulus lenticularis* (página 158), indicador de estabilidad atmosférica, y que suelen originarse debido a montañas o colinas en dirección contraria al viento.

22. *Detalle:* Por encima de estas nubes, el cielo aparece muy despejado en niveles medios y altos; por lo tanto, el aire aquí debe ser seco y posiblemente descendente debido a las altas presiones.

23. *Detalle:* Lo que parece una torre poco profunda de *Cumulus congestus* se eleva y perfora esta capa de estabilidad, antes de caer y mutar a *Stratocumulus* corriente abajo. Otra de estas torres se encuentra justo encima (en el cuadro principal).

LA GEOMETRÍA
DEL *STRATOCUMULUS*

Hay siete variedades de *Stratocumulus*, el tipo de nube más abundante con el permiso del *Altocumulus*, con el que comparte esta métrica. En el caso del *Stratocumulus*, estas variedades son *translucidus, perlucidus, opacus, duplicatus, undulatus, radiatus* y *lacunosus.*

Los tres primeros hacen referencia directa a la transmisión (o supresión) de la luz a través o alrededor de la nube y sus nombres se explican por sí solos. *Translucidus* describe una variedad translúcida específica de la nube, en la que el disco solar o lunar aún puede percibirse a través de los elementos individuales de la nube y permanece bastante brillante a simple vista. *Perlucidus* se utiliza cuando el manto nuboso tiene bordes y huecos entre los que se puede ver el cielo con claridad. Por el contrario, *opacus* describe una capa completamente opaca de la nube a través de la cual no pueden percibirse ni el Sol ni la Luna, que parecen más bien mates y grises para un observador en tierra.

Las cuatro variedades restantes (*duplicatus, undulatus, radiatus* y *lacunosus*) hacen referencia a diferentes formaciones estructurales de *Stratocumulus*. Una vez más, los nombres utilizados se explican por sí solos.

Duplicatus describe el *Stratocumulus* cuando se presenta en capas que se repiten verticalmente, como si estuviera duplicado en dos o más niveles, bastante próximos entre sí. *Undulatus* se utiliza cuando se aprecian patrones oscilatorios u ondulantes, a semejanza de una ola, como rayas o nubes onduladas (página 154) alineadas perpendicularmente a la corriente de aire y que migran con la nube. Como en el caso del *Cumulus* y en contraste directo con la variedad *undulatus*, la variedad *radiatus* de *Stratocumulus* hace referencia a líneas o «calles» en la nube que se alinean paralelas al flujo de aire dominante.

Por último, *lacunosus* remite a una disposición especial de pequeños espacios despejados que se asemejan a un panal, alrededor de los cuales se disponen los elementos individuales de las nubes; estaría hablando básicamente de un cielo despejado.

Stratocumulus también tiene asociadas seis nubes adicionales: *virga, praecipitatio, mamma, fluctus, asperitas* y *cavum*. Como en el caso de *Cumulus* y *Nimbostratus* (página 124), *virga* hace referencia a las estelas de precipitación que caen desde la base de la nube y que no llegan al suelo; cuando lo hacen, se utiliza *praecipitatio* en su lugar. *Mamma* suele darse más en la parte inferior del yunque de un *Cumulonimbus* (página 130), pero también puede aparecer en la parte inferior de un *Stratocumulus cumulogenitus* (páginas 112-113). *Fluctus, asperitas* y *cavum* son todas nuevas nubes adicionales, detalladas en el capítulo 6.

24.

25.

24. *Túmulo de la Edad de Piedra*, de Carl Gustav Carus, ca. 1820

A pesar de que el artista intenta dirigir nuestra mirada hacia el efecto emotivo de la luna llena sobre los restos del círculo neolítico, desde un punto de vista meteorológico, la especie de nube y sus variedades son fáciles de reconocer como *Stratocumulus translucidus perlucidus*.

25. *Puesta de sol*, de Frederic Edwin Church, 1850–1880

La larga calle de *Stratocumulus radiatus* debe su origen a la cresta de las colinas y el manto de nivel alto más pálido de *Cirrocumulus* también podría haber sido forzado por la orografía. Las vivas tonalidades del atardecer y los cielos cristalinos resuenan con el paisaje fronterizo.

LA GEOMETRÍA
DEL *STRATOCUMULUS* MARINO

Visto desde una perspectiva global, el *Stratocumulus* es, con diferencia, la nube de nivel bajo más común y más extendida. Esto se debe a que existen grandes capas sobre los océanos, flotando despacio alrededor de las enormes zonas subtropicales de alta presión, aparentemente durante días y días.

No fue hasta la llegada de la era de los satélites, a finales del siglo XX, que los científicos pudieron confirmar que el *Stratocumulus* puede cubrir, en un momento dado, hasta una quinta parte de los océanos de la Tierra. Fuera de los trópicos y subtrópicos, el *Stratocumulus* también se suele encontrar en los climas de las latitudes medias y las regiones polares de ambos hemisferios, con frecuencia oculto bajo otros mantos nubosos más altos en sistemas ciclónicos o cubriendo de forma persistente los océanos polares durante el verano.

Si, durante un instante, adoptáramos la perspectiva de un satélite y observáramos la Tierra desde una distancia considerable, seríamos capaces de reconocer, al menos, tres tipos más sobre los océanos, que aparecen a una escala mucho mayor, conocidos como *Stratocumulus* «de células abiertas», «de células cerradas» y «actinoformes».

Estado y forma

El *Stratocumulus* de células abiertas está formado por anillos de nubes fragmentadas con patrones regulares que rodean zonas de cielo despejado. Su disposición es más o menos poligonal, casi hexagonal. Las zonas despejadas entre las nubes, parecidas a la estructura de panal del *lacunosus* (página 116), pero a una escala mucho mayor, suelen tener entre 5 y 50 kilómetros (3-30 millas) de diámetro. Aunque el tiempo en superficie suele ser bueno o aceptable bajo las células abiertas de *Stratocumulus*, las zonas nubosas a veces producen lloviznas ligeras o algún aguacero breve. En los *Cumulonimbus* de latitudes medias y polares, también aparecen idénticas estructuras nubosas de celdas abiertas, que contienen chubascos más intensos (página 132). El patrón de estas formaciones sólo suele ser visible desde el espacio.

Por el contrario, el *Stratocumulus* de células cerradas, como su propio nombre indica, cubre por completo el cielo, bloqueando la luz solar directa y reflejándola en su mayor parte hacia el espacio, lo que hace que la nube parezca brillante desde arriba, pero opaca desde abajo. Dado que el cielo está cubierto de nubes grises de manera uniforme, es fácil reconocer este tipo desde el suelo; suele clasificarse como *Stratocumulus stratiformis opacus*. Las células individuales de las nubecillas son visibles desde el suelo y aparecen como motas regulares en la superficie de una apacible capa gris de nubes mayoritariamente uniformes. A diferencia de la versión de células abiertas, por lo general hay poca o ninguna precipitación asociada a la versión marítima subtropical del *Stratocumulus* de células cerradas.

26.

Las estructuras nubosas actinoformes (de la palabra griega para «rayo») se han descubierto hace poco gracias al uso de animaciones a cámara rápida de imágenes de alta resolución de la NASA obtenidas vía satélite. El adjetivo «actinoforme» no describe ninguna especie, característica o variedad de nube en concreto, sino la atractiva pero inusual estructura en forma de «rosa» o «estrella» a gran escala del *Stratocumulus*, que puede tener una extensión de entre 100 y 300 kilómetros (60-180 millas) y sólo se dan en mar abierto. Por lo tanto, los patrones de las nubes actinoformes sólo pueden observarse desde un satélite en órbita, y están en constante evolución y metamorfosis. Para el científico geofísico, evocan un extraño parecido con las dunas en forma de estrella del desierto.

26. ***Paisaje marino***, de Frederic Edwin Church, 1859
Un banco de *Stratocumulus* bastante grumoso que cubre el mar; su textura algo amontonada lo distingue del *Stratus*, mientras que la puesta de sol resalta (desde abajo) algunos de los grumos de su parte inferior. También hay un indicio de *Stratocumulus lenticularis* justo por encima del manto nuboso principal.

EL BRILLO DEL *STRATOCUMULUS* MARINO

Hasta ahora hemos descrito al *Stratocumulus* como algo poco emocionante e incluso sombrío, pero la buena noticia es que tiene algunas propiedades que lo redimen, sobre todo por su capacidad para ayudar a regular el clima de la Tierra. Se trata de una nube relativamente «cálida» que suele tener un espesor de entre 200 y 400 metros (600-1200 pies). Por lo tanto, es rica en gotas de agua, lo que impide en gran medida que la luz solar la atraviese y, en consecuencia, también atenúa cualquier efecto de calentamiento al reflejar de vuelta al espacio una proporción considerable de los rayos solares entrantes.

Además, dado que el *Stratocumulus* es una nube de nivel bajo y «cálida», su superficie superior irradia con bastante intensidad en el espectro infrarrojo, lo que provoca un enfriamiento neto. En estos días de olas de calor en el Ártico, glaciares que se derriten e icebergs que se desprenden, el *Stratocumulus* desempeña un papel especial para ayudar a mantener fría la Tierra.

¿Una solución para la crisis climática?
Debido al cambio climático y a su capacidad para enfriar la Tierra, en los últimos años se ha renovado el interés por el *Stratocumulus*, sobre

27. *Un vendaval del noroeste frente al faro Longships*, de John Brett, 1873
En el título se nos proporciona una valiosa información meteorológica: se avecina un vendaval del noroeste (también evidenciado por el turbio color verdoso del mar y los furiosos espumarajos blancos en la distancia). Es probable que el artista esté sentado mirando hacia el sur o el suroeste por la tarde, ya que las calles de nubes *Stratocumulus radiatus*, siempre alineadas con el viento, avanzan de arriba a la derecha hacia abajo a la izquierda. Las rayas seguramente responden a una combinación de precipitaciones lluviosas y haces de luz solar (rayos crepusculares o rayos de sol, página 80).

todo por parte de quienes promueven técnicas de intervención climática (lo que se conoce como «geoingeniería») para retrasar, detener o incluso invertir el calentamiento global. Esta atención está justificada porque es bastante fácil, desde un punto de vista técnico y de ingeniería, aclarar las nubes *Stratocumulus* marinas y hacer que reflejen más la luz solar mediante el mecanismo del efecto Twomey (página 73).

Se ha planteado la hipótesis de que podría conseguirse el efecto Twomey haciendo que una flota de 1500 barcos rociara sin parar las nubes con una fina neblina de gotas de agua de mar, de aproximadamente una décima de milímetro de diámetro. Si se implementara a una escala lo bastante grande, podría aumentar el albedo de la Tierra y reducir así el calentamiento global. Lo curioso es que el efecto Twomey ya puede observarse en la actualidad en las imágenes de satélite de la Tierra. Casi sin darnos cuenta, ha surgido debido a los contaminantes procedentes de los buques de carga que surcan los océanos; con regularidad se les ve dejando estelas brillantes en *Stratocumulus*.

Sin embargo, las simulaciones de modelos climáticos indican que, si se decidiera aumentar el brillo de las nubes marinas como técnica de intervención climática, podría tener algunos efectos secundarios y repercusiones graves en otras partes del sistema climático terrestre. El más preocupante sería los posibles cambios en las precipitaciones de los monzones, de las que dependen miles de millones de vidas en la Tierra.

28.

NIMBOSTRATUS (Ns)

28. ***Día de invierno brumoso. A la izquierda, una casa amarilla. Nieve profunda,*** **de Laurits Andersen, 1910**
Un cielo gris, monótono y encapotado se cierne sobre esta escena de pleno invierno. Hacia el centro y la derecha del cielo se aprecian algunas rayas de precipitación descendente (*virga/ praecipitatio*). Esto indica que lo más probable es que la nube sea *Nimbostratus*, en lugar de *Stratus* (que, por lo general, no genera precipitaciones). Parece que la nieve empieza a descongelarse, quizás debido a que un frente cálido, que suele asociarse a un *Nimbostratus*, está avanzando por la región.

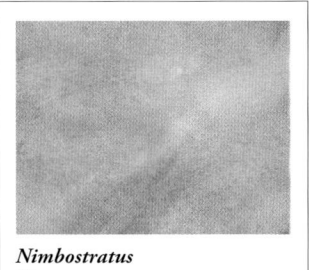

Nimbostratus
Ns

ÍNDICE	
Género	*Nimbostratus*
Códigos de la OMM	No codificado para C_L, excepto para sus fractostratos (C_L=7); por lo demás, C_M=2
Latín	'capa de lluvia'
Especies y variedades	Ninguna
Nubes adicionales	*praecipitatio virga*
Nubes accesorias	*pannus*
Aspecto	Muy bajo, mate y húmedo
Frecuencia	Común

LA NATURALEZA Y LA GEOMETRÍA DEL *NIMBOSTRATUS*

Un *Nimbostratus* es una lámina plana de nubes bajas, grises y sin rasgos característicos que se extiende por todo el cielo y que, a primera vista, parece casi idéntica al *Stratus*. Sin embargo, el *Nimbostratus* tiene una característica que lo diferencia del *Stratus*: produce precipitaciones persistentes, de ahí el prefijo nimbo- (que significa 'lluvia'). Por lo general, se trata de una lluvia o nevada constante, de ligera a moderada, que puede durar unas horas o más y que suele estar asociada a un frente meteorológico que se desplaza por una amplia región geográfica.

Para que se formen precipitaciones en la atmósfera se suele necesitar una profundidad de nube considerable. El *Nimbostratus* es, por tanto, más grueso que el *Stratus*, y suele abarcar el nivel bajo y medio de la troposfera; en los frentes meteorológicos activos, también puede alcanzar el nivel alto. Eso significa que la cantidad de luz solar que consigue atravesar la nube y llegar a la Tierra es menor, lo que aumenta la opacidad y la monotonía que se experimenta a nivel del suelo durante el día. Debido a que las precipitaciones que caen mantienen el aire húmedo, la base del *Nimbostratus* es muy baja, por lo general inferior a los 600 metros (2000 pies), y en la costa puede llegar a situarse cerca del nivel del mar o incluso sobre él.

Al tratarse de una capa gris, oscura y sin rasgos característicos, el *Nimbostratus* sólo tiene una nube accesoria, *pannus*, que se forma cuando las precipitaciones que caen de la nube encuentran una capa de aire algo más cálida o seca cerca de la superficie terrestre que genera una leve evaporación de las gotas de lluvia en los últimos cien o doscientos metros (unos cientos de pies). Esta evaporación provoca el enfriamiento y, por lo tanto, la resaturación del aire en las inmediaciones de las gotas que se evaporan, lo que a su vez da lugar a la aparición de pequeñas volutas de nubes irregulares o «jirones» por debajo de la base general de la nube. Esto hace que se formen y se vuelvan a formar sin parar, pero permaneciendo totalmente separadas del manto uniforme de nubes situado justo encima. Un *pannus* puede generarse allí donde se produzca evaporación de la precipitación, por lo que también es una nube accesoria de *Cumulus*, *Cumulonimbus* y *Altostratus*.

Los rasgos suplementarios *praecipitatio* y *virga* también pueden encontrarse con el *Nimbostratus*, los cuales indicarían si la precipitación está llegando al nivel del suelo (*praecipitatio*) o si se ha evaporado por completo al descender, dejando rayas visibles de *virga*.

29.

29. ***Antes de la tormenta,***
   de Thorsten Waenerberg, 1872
   El *Nimbostratus* suele aparecer en
   los frentes meteorológicos como
   una capa uniforme, gruesa y
   amplia de nubes de precipitación
   que cubre todo el cielo.
   De vez en cuando, sin embargo,
   pueden desarrollarse grandes áreas
   de precipitación estratiforme
   a partir de un *Nimbostratus
   cumulonimbogenitus*, es decir,
   un *Nimbostratus* formado por
   su progenitora, o nube madre,
   Cumulonimbus (posiblemente
   representado aquí en la lejanía).
   Las nubes grumosas delante
   de la tormenta que avanza es
   probable que sean *Stratocumulus*
   (posiblemente también *pannus*),
   de las que tanto *Nimbostratus*
   como *Cumulonimbus* también
   pueden ser progenitoras.

30.

CUMULONIMBUS (Cb)

30. *Mañana de Navidad*, de John Brett, 1866
Si ignoramos la agitación y las nubes oscuras, bajas e irregulares (*Stratocumulus*) del primer plano, en la distancia podemos ver las cimas de yunque de tres torres *Cumulonimbus incus* aisladas, teñidas por la maravillosa luz del sol de primera

hora de la mañana. Los rayos crepusculares (página 80), proyectados por otras torres de nubes más allá del horizonte visible, se representan sobre el yunque más a la derecha. El *Cumulonimbus* invernal es visitante habitual de las costas de barlovento de Gran Bretaña en corrientes de aire ciclónicas.

Cumulonimbus
Cb

ÍNDICE	
Género	*Cumulonimbus*
Códigos de la OMM	$C_L=3$, $C_L=9$
Latín	'montón de lluvia'
Especies	*calvus* *capillatus*
Variedades	Ninguna
Nubes adicionales	*praecipitatio* *virga* *incus* *mamma* *arcus* *murus* *cauda* *tuba*
Nubes accesorias	*pannus* *pileus* *velum* *flumen*
Aspecto	Nube amenazante
Frecuencia	Ocasional en determinados climas, infrecuente o raro en otros lugares.

LA NATURALEZA DEL *CUMULONIMBUS*

La mayor y más potente de todas las nubes es, sin duda, el poderoso *Cumulonimbus* (del latín *cumulus* y *nimbus*, que significa 'montón de lluvia'), que puede alcanzar alturas de 17 kilómetros (50 000 pies) o más en verano.

El rey de las nubes

El *Cumulonimbus* marca la culminación, literalmente el punto más alto, del proceso de ascenso de las térmicas o convección, que podría haber comenzado tan sólo una o dos horas antes en el caso de la convección extrema. Se trata de un proceso bastante simple: las primeras térmicas ascendentes se hacen visibles como pequeñas nubes *Cumulus fractus*, más tarde *Cumulus mediocris*, antes de convertirse en torres *Cumulus congestus* más potentes y, por último, *Cumulonimbus*, siempre que se dé un perfil atmosférico inestable adecuado.

El *Cumulonimbus* completamente desarrollado y maduro, que reside en la cúspide de la jerarquía de las nubes, luce una gran corona sobre la cabeza, como toda la realeza. Comúnmente denominado «yunque» por su similitud visual con el yunque de un herrero (pero que hoy sería más identificable como un corte de pelo a cepillo), se conoce como rasgo suplementario *incus*. Es una consecuencia inevitable del hecho de que la convección se vea limitada en su desarrollo vertical debido a la presencia de una fuerte inversión casi permanente en la tropopausa, donde la troposfera se une a la estratosfera (página 26). Aquí, la nube no puede crecer más, por lo que se extiende hacia los lados y los cristales de hielo, que se han formado debido a que la temperatura del aire es ahora inferior a -40 °C (-40 °F; página 68), son arrastrados a sotavento por los fuertes vientos que suelen soplar a estos niveles. Esto ocurre porque los cristales de hielo viven más tiempo (y, por lo tanto, vuelan más lejos) que las gotas de agua líquida de las nubes, ya que se subliman más despacio de lo que se evaporan las gotas más calientes.

Durante el invierno, en las latitudes medias y las regiones polares, la tropopausa suele aparecer a baja altitud (7-10 kilómetros/4-6 millas), mucho más baja que en los climas subtropicales o tropicales más cálidos (12-18 kilómetros/7,5-11 millas). En consecuencia, la altura absoluta de los yunques de *Cumulonimbus* varía considerablemente de una región a otra y de una estación a otra. En general, cuanto más cálido sea el tiempo, más alto será el *Cumulonimbus* y más severo será el clima. Si se dan las condiciones adecuadas, un solo *Cumulonimbus* puede convertirse muy deprisa en un enorme y potente sistema tormentoso que cubra miles de kilómetros cuadrados y provoque fuertes relámpagos, lluvias torrenciales, granizo de gran tamaño, vientos violentos y racheados y, en raras ocasiones, tornados.

31.

32.

33.

34.

Estudio de nubes, de Knud Baade, 1852

31. En esta yuxtaposición casi realista de un *Cumulonimbus* elevado y en decadencia, Baade consigue plasmar una atmósfera de emoción y melodrama primitivos y crudos, con el telón de fondo de un cielo polar despejado, característico de los climas invernales costeros escandinavos o del norte de Europa.

32. A la izquierda, *virga* (precipitación) descarga con fuerza en un entorno muy cizallado (la velocidad del viento aumenta con la altura y se desplaza de izquierda a derecha).

33. Arriba, el yunque del *Cumulonimbus* de nivel alto (rasgo *incus*) capta algunos rayos de un sol ya bajo.

34. A la derecha, un *Cumulonimbus calvus* reciente, con su base por debajo del horizonte, parece estar transformándose en un *Cb. capillatus*. Parches de *Altocumulus* y *Stratocumulus* cubren el resto del cielo, restos de aguaceros anteriores, por lo que pueden adoptar el nombre de *cumulonimbogenitus* (página 192).

LA GEOMETRÍA DEL *CUMULONIMBUS*

El género *Cumulonimbus* (con frecuencia abreviado como *Cb* por los meteorólogos) sólo tiene dos especies, *calvus* y *capillatus*, y ninguna variedad. Sin embargo, dado que podría considerarse el auténtico abuelo de todas las nubes, tiene una abundante descendencia en forma de ocho rasgos suplementarios y cuatro nubes accesorias, más que ninguna otra nube.

La especie *calvus* hace referencia a un *Cumulonimbus* que ha alcanzado su máximo nivel cerca de la tropopausa y que ya ha comenzado a aplanarse, pero cuya parte superior sigue siendo de textura cumuliforme y aún no parece haberse congelado. Uno de los aspectos visibles clave de estas torres de *calvus* recién formadas (así como de sus antecedentes *Cumulus mediocris* y *congestus*) es su superficie superior fractal muy brillante y altamente reflectante, parecida a una coliflor, que suele contrastar con su base, mucho más oscura, y cuya disparidad de luz es cada vez más marcada a medida que las nubes ascienden, se vuelven más profundas y se acercan a nosotros. Cuando este proceso se acelera, por ejemplo, cuando una turbonada o tormenta avanza de repente, podemos percibirlas como especialmente siniestras o amenazantes. Esto se debe a que nuestros ojos tardan un tiempo en adaptarse a los cambios bruscos de luz (por lo general, unos 15 minutos), más o menos el mismo tiempo que, por ejemplo, tardan nuestros ojos en adaptarse al cielo nocturno tras salir de una casa muy iluminada.

Al igual que un *Cumulus* profundo y bien desarrollado, un *Cumulonimbus* puede presentar nubes accesorias *pileus* y *velum* (página 96), a través de las cuales el *Cumulonimbus* continúa creciendo con gran estridencia y de forma independiente, comportándose como si fuera la propia cima de una montaña y empujando el flujo de aire ambiental hacia un lado (produciendo una extensa falda de *velum*) o sobre su parte superior (formando un capuchón de *pileus*). Por su parte, *pannus* es otro accesorio frecuente del *Cumulonimbus*, ya que es común a todas las nubes de precipitación.

El *Cumulonimbus capillatus*, a diferencia del *calvus*, siempre tiene una parte superior congelada en forma de yunque, fácilmente reconocible por su aspecto difuso y fibroso, similar al de nubes heladas como el *Cirrus* (página 170). Cuando la parte superior del *Cumulonimbus capillatus* madura y adquiere esa forma de yunque (rasgo suplementario *incus*; página 128), se suele observar un rasgo suplementario adicional colgando de su base, unas protuberancias parecidas a pechos o ubres, denominadas *mamma* (del latín «pecho»). Para los no iniciados, pueden parecer tan sobrecogedoras como amenazantes, pero la verdad es que, cuando llegan, lo peor del mal tiempo ya ha pasado. Su llamativo aspecto se debe a lóbulos de aire descendente que se han vuelto más densos debido a la evaporación y el enfriamiento, lo que provoca una inversión del proceso normal de convección ascendente.

35. **Nubes**, de Thomas Cole, 1838
Aquí se puede ver cómo un potente *Cumulus congestus* crece hasta convertirse (en breve, si es que no lo ha hecho ya) en *Cumulonimbus calvus* (Cb sin yunque/no congelado). La atmósfera es inestable, con probabilidad de chubascos.

36. **Estudio de nubes con una puesta de sol cerca de Roma**, de Simon Alexandre Clément Denis, 1786
Grandes torres de convección se están formando de manera explosiva en el cielo, dando lugar a verdaderas catedrales de *Cumulus congestus* y *Cumulonimbus calvus*. El aire se eleva con tanta fuerza (de derecha a izquierda y, luego, verticalmente hacia arriba) que las torres sobresalen un poco por su borde a barlovento. Se prepara una fuerte tormenta eléctrica.

35.

36.

OTROS RASGOS Y ACCESORIOS DEL *CUMULONIMBUS*

En el *Atlas Internacional de Nubes*, la altura de la base de una nube determina la asignación de un estatus de nivel bajo, medio o alto. Por tanto, el *Cumulonimbus* se clasifica como una nube de nivel bajo, a pesar de que también se extiende hacia los niveles medio y alto. Sin embargo, de vez en cuando, la convección que da lugar a tormentas tipo *Cumulonimbus* puede generarse como resultado de procesos dinámicos en la troposfera media, independientes y muy por encima de influencias superficiales como el calentamiento diurno o la evaporación de masas de agua caliente. Por ejemplo, puede producirse una liberación de energía en los niveles medios de la atmósfera cuando una capa fría y seca sobrepasa a otra más cálida y húmeda, lo que provoca el desarrollo de inestabilidad (o flotabilidad) y una potente convección.

En algunos entornos árticos y antárticos muy fríos, un *Cumulonimbus capillatus* puede congelarse por completo, de arriba abajo, dando lugar a la inusual aparición de una base fibrosa (y también de una corona helada), como si se aproximara una pared o cortina de nieve hasta el suelo. La visibilidad se reduce casi a cero a medida que llega la turbonada, porque las partículas de precipitación congeladas reducen la visibilidad horizontal y dificultan la visión de manera mucho más eficaz que las gotas de lluvia. En estos climas polares invernales, la tropopausa suele situarse a una altitud muy baja, a unos 7 kilómetros (4 millas), por lo que el yunque del *Cumulonimbus* se forma mucho más abajo que en otros climas.

Además de *incus* y *mamma*, otros rasgos suplementarios del *Cumulonimbus* son *praecipitatio*, *virga*, *arcus*, *tuba*, *murus* y *cauda* (página 204), así como la nube accesoria *flumen*. Como ya hemos visto, *praecipitatio* simplemente hace referencia al hecho de que la nube está produciendo precipitaciones (lluvia, granizo o nieve); sin embargo, *virga* se utiliza cuando la precipitación se evapora al caer y no llega al suelo. Por el contrario, tanto *arcus* (página 202) como *tuba* (página 206) son manifestaciones dramáticas de un sistema tormentoso *Cumulonimbus* severo o violento.

Al igual que el resto de fenómenos activos de la naturaleza, la vida del *Cumulonimbus* acabará llegando a su fin, pero no sin antes haber engendrado varias células de convección hijas en un proceso iterativo y autoregenerativo. No obstante, en algún momento, el suministro de aire caliente y humedad que alimenta la nube se acabará cortando, ya sea por el calentamiento solar de la superficie terrestre durante el día, por el ascenso de las térmicas sobre una superficie de agua caliente o por procesos dinámicos en la atmósfera. Después de algunas o muchas horas, lo único que quedará será unos cuantos bancos de nubes estratiformes que producirán precipitaciones de ligeras a moderadas, acompañadas de *pannus* de nivel bajo, con vestigios de lo que una vez fueron unas magníficas torres y yunques de tormenta, ahora reducidos a algunas rayas de nivel alto de *Cirrus spissatus* (página 170).

37. *Estudio de nubes*, de Knud Baade, fecha desconocida
Torres gemelas de *Cumulus congestus* se elevan en una región de pronunciada cizalladura del viento. También hay abundantes volutas ascendentes de *Cumulus fractus*, algunas de las cuales podrían estar en primer plano, más cerca del artista y, por lo tanto, a menor altitud que las dos torres. Las nubes parecen estar creciendo en un entorno evaporativo, secándose a medida que se elevan; si estuvieran en estado estacionario, otras nubes, como el *Cumulonimbus*, las rodearían.

38. *Port Ruysdael*, de J. M. W. Turner, 1826
¡Parece extraño que un pequeño velero zarpe con semejante tiempo! El viento debe ser de, al menos, fuerza 5 o 6 en la escala Beaufort, como demuestran las blancas y agitadas olas. La visibilidad es muy restringida; no podemos ver la base de las nubes en la distancia y la oscuridad del horizonte aumenta la sensación de que se acerca otra borrasca. Las cimas de los torreones de nubes indican que son *Cumulus congestus* y *Cumulonimbus calvus* (parte superior central), aunque a través de los huecos se vislumbran parches de cielo azul en la lejanía, revelando abundantes *Cirrus* o *Cirrostratus*; es probable que haya sistemas meteorológicos frontales cerca.

37.

38.

39.

39. *Marina*, de Gustave Courbet, 1866

Se trata de una excelente captura de largas columnas de precipitación (*virga*) de diversa intensidad que descienden de un probable *Cumulonimbus*. Si las *virga* alcanzan el suelo, pasan a designarse como el rasgo suplementario *praecipitatio*. Aunque la precipitación es intensa, el aguacero es breve; podemos atisbar cielos más claros al otro lado de las *virga*. El extremo posterior de las partes convectivas (ascendentes) del *Cumulonimbus* son visibles en la parte superior (centro); también podría tratarse de *mamma* o, quizá, del borde posterior de un *arcus*.

6

5

4

3 «El aire allá arriba, en las nubes, es muy puro y fino, vigorizante y delicioso. ¿Y por qué no debería serlo? Es el mismo que respiran los ángeles».

2 Mark Twain

1

ESPECIES DE NUBES MEDIAS

ÁRBOL GENEALÓGICO DE LAS NUBES MEDIAS

Como ya hemos visto, las definiciones de los niveles de nubes medias y altas (o *étages*) de la OMM son un tanto arbitrarias. Esto se debe a que la troposfera es mucho más profunda en los trópicos que en las regiones polares. Los tres *étages* de la nube se solapan en cierta medida y el concepto de niveles puede considerarse subjetivo. En este caso, seguiremos las directrices de la OMM, según las cuales las nubes de nivel medio sobre las regiones polares se sitúan en el intervalo comprendido entre los 2000 y los 4000 metros, y el límite superior se amplía hasta los 7000 metros en las regiones templadas y hasta los 8000 metros en las regiones tropicales. También nos ceñiremos a la idea de que el nivel se asigna en función de la altitud de la base de la nube.

Teniendo esto en cuenta, vemos que el árbol genealógico de nivel medio comprende sólo dos géneros consistentes de nivel medio, *Altostratus* y *Altocumulus*. Se trata del nivel más pequeño de los tres niveles de nubes, ¡y de una aparente pobreza meteorológica en comparación con los cinco géneros del nivel bajo y los tres del nivel alto! Pero esta escasez no implica que haya «menos meteorología» en el nivel medio; una vez más, no es más que el resultado de la forma en que se categorizan los niveles de nubes. En realidad, los dos géneros del nivel bajo, *Nimbostratus* y *Cumulonimbus*, tienen derechos más o menos iguales sobre el nivel medio que *Altostratus* y *Altocumulus*, porque suelen extenderse hasta (y a veces comienzan en) el nivel medio.

Altostratus y *Altocumulus*, aunque no son indicativos de mal tiempo en la actualidad, suelen señalar que se avecina un empeoramiento del tiempo, sobre todo en las latitudes medias de la Tierra, donde es habitual el paso de sistemas meteorológicos frontales. Esto se debe a que la velocidad del viento suele ser mayor cuanto más se asciende en la troposfera, por lo que cualquier cambio meteorológico inminente suele señalarse en los niveles medio y alto antes que en la superficie.

El *Altostratus* es una capa de nubes pálida y difusa que, como ya hemos dicho, suele indicar la próxima llegada de un frente. No tiene especies, pero sí cinco variedades (*translucidus, opacus, duplicatus, undulatus* y *radiatus*), tres rasgos suplementarios (*virga, praecipitatio* y *mamma*) y una nube accesoria (*pannus*).

CLASIFICACIÓN DE LAS NUBES MEDIAS

	GÉNERO		ESPECIE, VARIEDAD, NUBE MADRE U OBSERVACIÓN GENERAL		* —	o
	Altostratus	—	*translucidus*	—	$C_M=1$	
	Altostratus y *Nimbostratus*	—	(*Altostratus*) *opacus*	—	$C_M=2$	
			translucidus (no *duplicatus*) y dominante	—	$C_M=2$	
			perlucidus en constante cambio	—	$C_M=4$	
			Invade progresivamente el cielo, espesándose	—	$C_M=5$	
	Altocumulus	—	*cumulogenitus* o *cumulonimbogenitus*	—	$C_M=6$	
			opacus o *duplicatus*	—	$C_M=7$	
			castellanus o *floccus*	—	$C_M=8$	
			de un «cielo caótico»	—	$C_M=9$	

* Código de la OMM   o Símbolos internacionales de las nubes

Códigos, abreviaturas y símbolos respectivos de la OMM para las nubes medias seleccionadas. Por ejemplo, si se observa un *Altocumulus castellanus*, el código que se registra es $C_M=8$. Sin embargo, una vez más, no todas las nubes de nivel medio están codificadas y *Nimbostratus* está codificada como nube de nivel medio. El *Altocumulus* también está, quizás, excesivamente representado.

1.

ALTOSTRATUS (As)

1. **Pintor plenairista en la costa**, de Robert Thegerström, 1881
Tanto *Altostratus* (capas grises lisas) como *Altocumulus* (nubes moteadas) destacan en esta representación de una escena costera del norte de Francia realizada por Thegerström. Sin embargo, los bañistas tienen abierta la sombrilla, por lo que hay que suponer que todavía hace un día razonablemente bueno. El tono pálido del fondo superior sugiere el avance de una fina capa de *Cirrostratus*, por lo que es posible que el tiempo empeore, pero todavía faltan unas cuantas horas para eso.

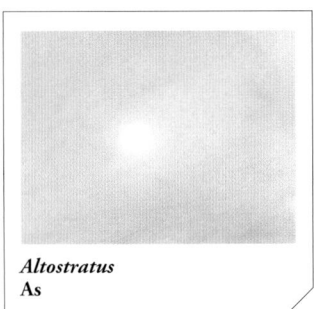

**Altostratus
As**

ÍNDICE	
Género	*Altostratus*
Códigos de la OMM	C_M=1, 2
Latín	'capa media'
Especies	Ninguna
Variedades	*translucidus opacus duplicatus undulatus radiatus*
Nubes adicionales	*virga praecipitatio mamma*
Nubes accesorias	*pannus*
Aspecto	Capa pálida y difusa
Frecuencia	Ocasional

LA NATURALEZA DEL *ALTOSTRATUS*

Como su propio nombre indica, el *Altostratus* es una capa de nubes con la aparente consistencia del *Stratus*, pero que se encuentra en los niveles medios de la troposfera. Al igual que el *Stratus*, aparece como una capa difusa y sin rasgos característicos de color blanco pálido, gris claro o, a veces, azul oscuro, con una base difusa e indeterminable. Mientras que del *Stratus* emana un tono oscuro y lúgubre y, con frecuencia, restringe la visibilidad horizontal, el *Altostratus* suele estar lo bastante alto como para no interferir de forma directa en las condiciones ambientales en tierra, aparte de atenuar la luz solar. Da la sensación general de que se avecina un empeoramiento gradual del tiempo, pero no hasta dentro de varias horas.

El *Altostratus* puede producir ligeras precipitaciones si se asocia a un frente meteorológico activo que se aproxima, pero, cuando lo hace, no suele dar problemas. Lo más habitual es que cualquier precipitación se evapore en forma de *virga* poco después de descolgarse de la base del *Altostratus*, lo que explica su aspecto difuso y borroso.

Variedades y rasgos suplementarios

El *Altostratus* y su primo de nivel inferior, *Nimbostratus*, son los únicos tipos de nubes que no tienen subespecies, consecuencia de su aspecto poco definido, borroso y nebuloso. Sin embargo, a diferencia del *Nimbostratus*, que no tiene variedades y sólo cuenta con dos rasgos suplementarios, el *Altostratus* puede alardear de un total de cinco y dos, respectivamente.

Las dos primeras variedades, *translucidus* y *opacus*, también hacen referencia a la transmisión de la luz a través de la nube. Una capa de *Altostratus* que avanza tiende a debilitar o bloquear los rayos directos del sol. Sin embargo, esto no siempre crea una sensación general de opacidad, ya que las nubes de nivel medio tienen un contenido total de agua inferior al de las nubes de nivel bajo y, por lo tanto, una proporción significativa de la luz entrante sigue penetrando en la nube. De igual forma, si el manto de *Altostratus* no avanza hasta cubrir todo el cielo, la cantidad de luz difusa que emana del resto del cielo tiende a compensar la reducción de los rayos solares directos. Cuando esto ocurre y el disco solar sigue siendo visible, se añade la variedad *translucidus* al nombre de la nube y, si no, se utiliza la variedad *opacus*.

Las tres variedades restantes (*duplicatus*, *undulatus* y *radiatus*) hacen referencia a su forma, tal y como hemos visto antes (página 116).

La formación del *Altostratus*

Uno de los procedimientos más frecuentes de formación del *Altostratus* es el ascenso suave del aire en tiempo ciclónico como, a lo largo de los límites frontales y en los sistemas de bajas presiones, características que vemos con regularidad en los mapas meteorológicos. En estos casos, la nube se forma como resultado maduro de una elevación suave, a una velocidad de entre dos y cinco centímetros

2.

(una o dos pulgadas) por segundo o incluso más lento. El resultado es una capa de *Altostratus* suave, laminar, difusa y, en ocasiones, algo inclinada, cuya base va descendiendo poco a poco a medida que el sistema meteorológico avanza hacia nosotros.

Otro mecanismo habitual de formación del *Altostratus* es el «forzamiento orográfico». Esto sucede, por ejemplo, cuando una masa de aire llega sin obstáculos desde el otro lado del océano y, de repente, se ve obligada a elevarse sobre una cordillera costera o un terreno elevado. Si toda la troposfera (su perfil vertical completo, que comprende los tres niveles: bajo, medio y alto) se eleva a la vez, el enfriamiento adiabático inducido (página 48) puede bastar para provocar la saturación. Si esto ocurre en los niveles medios, se forma el *Altostratus*.

Una vía alternativa a la formación del *Altostratus* surge debido al principio del equilibrio hidrostático (página 52). Al tratarse de un manto estratificado, en ocasiones, el *Altostratus* queda relegado por alguno de sus primos más bulliciosos, como una potente tormenta eléctrica, que se considera un mero «detritus meteorológico». Por ejemplo, el *Altostratus* es una de las muchas nubes que puede producir un *Cumulonimbus*, pero que luego queda abandonada mucho después de que el sistema tormentoso haya alcanzado su punto máximo y se haya extinguido. Cuando se produce este renacimiento y metamorfosis de la nube, el *Cumulonimbus* pasa a denominarse «nube madre» (página 192).

2. ***Escena de la costa con acantilados blancos y barcos en la orilla***, de J. M. W. Turner, sin fecha
En esta escena bastante brumosa y nublada, el tiempo es bueno. La principal especie de nube parece ser *Altostratus*, posiblemente multicapa (variedad *duplicatus*), pero también con algunas interrupciones. La columna de humo señala aire ligero y la superficie del mar parece en calma, lo que indica altas presiones.

LA GEOMETRÍA DEL *ALTOSTRATUS*

Altostratus tiene cinco variedades: *translucidus*, *opacus*, *duplicatus*, *undulatus* y *radiatus*. Ya hemos hablado de las dos primeras variedades en relación con las nubes bajas (página 108), aunque el método de formación de las tres últimas en niveles medios, así como su aspecto resultante, difiere considerablemente de las de niveles bajos.

Para el *Altostratus*, *duplicatus* describe una variedad en la que dos o más capas separadas coexisten una encima (o debajo) de la otra, algo bastante habitual en flujos de aire estables y laminares, aunque difícil de detectar desde el suelo si una capa oculta a la otra. En general, a niveles medios, la variedad *duplicatus* se aprecia mejor no con el *Altostratus*, sino cuando se da en asociación con la nube *Altocumulus lenticularis* (página 156), mucho más magnífica y fotogénica.

Radiatus se utiliza con *Altostratus* para describir múltiples bandas laminares de la nube, más o menos alineadas en paralelo con el viento, que pueden formarse como consecuencia de la orografía. Debido a que la velocidad del viento suele ser mayor en los niveles medios de la troposfera que en los inferiores, la nube aparece en forma de rayas que pueden extenderse por todo el cielo y que parecen converger a cierta distancia, más allá del horizonte. Aunque todas ellas deben el origen de su alineación a características de la dirección y el flujo del viento, un *Altostratus radiatus* no se parece ni a un *Cumulus radiatus* ni a un *Stratocumulus radiatus*, ya que es una nube laminar y de nivel medio mucho más tenue que un *Cumulus* o *Stratocumulus*.

A diferencia de *radiatus*, *undulatus* describe patrones ondulados regulares que se forman perpendicularmente al viento, con una longitud de onda corta, y que pueden formar nubes onduladas (ondas de vuelco en la parte superior de una capa de nubes), lo mismo que sucede en las nubes de nivel bajo. No obstante, la variedad *undulatus* del *Altostratus* se expresa mucho mejor en la especie *Altocumulus*, sobre todo en la formación conocida coloquialmente como «cielo aborregado» (página 154).

Tanto el *Altostratus undulatus* como el *Altocumulus undulatus* suelen confundirse con las nubes de onda de montaña (*lenticularis*, página 156). Sin embargo, el primero suele caracterizarse por ser transitorio y moverse con el viento, en vez de ser geoestacionario. También tiene una longitud de onda mucho más corta, por lo general de menos de un kilómetro y medio (una milla), mientras que el *lenticularis* tiene longitudes de onda de muchos kilómetros. La especie especial *lenticularis* tampoco se produce con *Altostratus*; de hecho, sólo se da en niveles medios con *Altocumulus*.

Sólo hay tres nubes adicionales y una nube accesoria asociadas al *Altostratus*: *virga*, *praecipitatio*, *mamma* y *pannus*, respectivamente.

3. ***Lago Siljan. Estudio***,
de Gustaf Wilhelm Palm,
fecha desconocida
Es probable que sea a última hora del día, en una bonita tarde de verano, y que Palm capturara casi a la perfección una atmósfera serena de calma y tranquilidad, unida a una excelente visibilidad. Algunas capas de nubes estratiformes, entre las que se incluyen parches de *Altostratus*, parecen avanzar poco a poco por la escena desde la parte superior izquierda. El color del cielo de fondo es un innegable cian, casi turquesa, típico de los prístinos entornos nórdicos.

3.

4.

ALTOCUMULUS (Ac)

4. **Estudio de nubes al atardecer, de Frederic E. Church, 1873**
Church destaca en las obras con poca luz, sobre todo en la recreación de los característicos tonos aguamarina-cian del atardecer de una limpia y seca masa de aire polar continental, un rasgo que repite sistemáticamente con una perfección casi absoluta. En este caso, se trata de un pequeño parche hacia el cénit.

Los numerosos mantos nubosos incluyen *Altocumulus undulatus* (nubes onduladas; nube gris en el centro a la izquierda). Por encima, encontramos un *Altostratus* o *Cirrostratus*; también un *Cumulus mediocris* transformándose en *Stratocumulus stratiformis* (centro).

Altocumulus
Ac

5. ***Regatas en Argenteuil*** **de Claude Monet, ca. 1872**
Las velas abombadas de los yates y la imagen especular de la superficie del agua (destello o luz difusa, véase la página 80) nos indican que es un día de brisa. Sin embargo, el cielo parece razonablemente luminoso, sin signos de mal tiempo ni nubes de precipitación. El manto único parece ser un *Altocumulus translucidus*.

LA NATURALEZA DEL *ALTOCUMULUS*

A pesar del prefijo «alto», si fueras cantante coral, sabrías que las contraltos no poseen la voz más aguda, sino que se sitúan por debajo de la soprano, pero por encima del bajo y el tenor. Del mismo modo, el *Altocumulus* se sitúa por encima de las nubes bajas ricas en agua, pero sin llegar a los extremos helados de las nubes cirriformes altas. A pesar de tratarse de una de las nubes de nivel medio más comunes, el *Altocumulus* tiene muchas características únicas y distintivas de las nubes medias.

El *Altocumulus* es una nube bastante común y fácil de identificar. Suele estar formado por un manto de nivel medio de células de nubes pequeñas a moderadas, algo hinchadas, con pequeños huecos entre las células que dejan pasar la luz, en lo que se correspondería con la variedad *perlucidus*.

Cómo se automodifica un *Altocumulus*

A primera vista, puede parecer que el *Altocumulus* se mueve sin rumbo fijo por corrientes de viento constantes de la troposfera media, sin grandes cambios en su aspecto exterior. Sin embargo, las imágenes a cámara rápida revelan pistas sobre su evolución.

En ocasiones, se forma directamente como nubes orográficas, al igual que suele suceder con el *Altostratus*, cuando se eleva toda una «losa» de aire tras pasar por encima de una colina o cordillera. Las montañas no tienen que ser muy altas, sólo lo bastante como para proporcionar suficiente elevación (y, por lo tanto, enfriamiento adiabático) para saturar el aire en uno o más niveles dentro de la troposfera media, dentro de la cual suele formarse una nube de finísimas gotas de agua en menos de unos pocos microsegundos. Estas gotas de nube aumentan deprisa su tamaño a medida que vuelan, arrastradas por el viento. El propio acto de su condensación libera calor latente, lo que proporciona el impulso necesario para que se desarrolle un poco de convección, y da lugar a la formación de pequeñas células convectivas. Dado que las temperaturas del aire en los niveles medios de la troposfera son mucho más frías que las de la superficie, pero raramente por debajo de los -20 °C (4 °F), el *Altocumulus* suele estar formado por gotas de agua superenfriada.

5.

También es habitual que aparezca durante la suave elevación del aire, sin que la topografía de la superficie influya. Esto suele ocurrir en presencia de frentes meteorológicos, en los que el aire relativamente cálido, húmedo y de baja densidad que se aproxima al aire más frío, seco y denso tiende a ascender por encima de él, en lugar de mezclarse con él, pero a una velocidad de ascenso muy suave, a veces apenas perceptible. Una vez formado orográficamente, el *Altocumulus* suele seguir fluyendo corriente abajo con el viento (a excepción de la especie *lenticularis*, que es geoestacionaria).

En ocasiones, el *Altocumulus* surge a partir de una modificación o mutación del *Altostratus*. Esto sucede cuando el *Altostratus* se somete cada vez más a las leyes de la radiación: su base absorbe la radiación infrarroja procedente de abajo, mientras que su superficie superior la emite al espacio. Estos procesos generan una ligera convección (de forma muy similar a lo que ocurre en el *Stratocumulus* marino) y favorecen el desarrollo de pequeñas nubes regulares, intercaladas con pequeños espacios despejados. Tras unos 20 o 30 minutos, la nube puede haberse transformado por completo en lo que se denomina *Altocumulus altostratomutatus* (añadimos -*mutatus* después del nombre de la «nube madre» para describir esta modificación; véase la página 192 para más detalles sobre las nubes madre).

página 192 para más detalles sobre las nubes madre).

> ## POR QUÉ EL *ALTOCUMULUS* ES DIFERENTE
>
> El aspecto clave de la formación del *Altocumulus* es que, aunque se caracteriza por la convección (de ahí el sufijo -*cumulus*), las corrientes convectivas dentro del *Altocumulus* son mucho más débiles y más regulares horizontalmente que las del *Cumulus congestus* o el *Cumulonimbus*, que son más variadas y a menudo más fuertes en uno o dos órdenes de magnitud. Esto se debe a que la formación del *Altocumulus* no está directamente relacionada con la convección en superficie; las nubes no están causadas por el calentamiento directo de la superficie terrestre por parte del Sol, ni por la convección desde una superficie de agua relativamente cálida como las nubes de nivel bajo *Cumulus* y *Stratocumulus*.

LA GEOMETRÍA DEL *ALTOCUMULUS*

El *Altocumulus* cuenta con cinco especies, siete variedades y cinco rasgos suplementarios, lo que lo convierte en el segundo género de nubes después de *Stratocumulus* en cuanto a su alcance y número total de formaciones.

Al igual que en el caso del *Stratocumulus*, sus cinco especies son: *stratiformis, lenticularis, castellanus, floccus* y *volutus*. *Stratiformis* es la especie más común, y describe un manto de nubes bastante uniforme, de color blanco grisáceo, moteado y algo amontonado, compuesto por nubes o células de tamaño regular que pueden tener o no huecos entre ellas (variedades *perlucidus* y *opacus*, respectivamente). Sin embargo, a diferencia del *Stratocumulus* y debido a su mayor altura sobre la Tierra, su menor contenido total de agua y su extensión vertical por lo general algo más fina, es más probable que tanto la luz del sol como la de la luna penetren en mayor grado en el *Altocumulus* (variedad *translucidus*). Por lo tanto, el *Altocumulus* no suele considerarse una nube de «mal tiempo», aunque puede ser precursora de un deterioro de la meteorología.

Como mejor se demuestra en la versión de células cerradas del *Stratocumulus stratiformis*, la convección suave y matizada que sostiene una capa de *Altocumulus stratiformis* no se inicia desde abajo (como en el caso del *Cumulus*), sino que puede ser instigada desde arriba debido a la radiación infrarroja al espacio de las cimas de las nubes. Esto hace que la nube se vuelque en células o nubecitas moteadas regulares, un patrón que también se repite en el *Cirrocumulus* (página 180). Una capa de *Altostratus* o, incluso, unas ondas de montaña *Altocumulus lenticularis* (página 156) (si duran lo suficiente) pueden transformarse en *Altocumulus stratiformis* a través del mismo proceso.

Las especies de *Altocumulus castellanus* (página 152) y *lenticularis* (página 156) son bastante especiales; de hecho, aunque tanto el *Stratocumulus* como el *Cirrocumulus* comparten ambas especies, se ejemplifican mejor con el *Altocumulus*. ¿Por qué? Porque, al estar en niveles medios, están más arriba que sus especies de nivel bajo y, por lo tanto, tenemos más posibilidades de verlas, pero no lo bastante alto como para que les falte contraste cuando tienen como telón de fondo nubes aún más altas. También suelen manifestarse en grupos o racimos rodeados de atractivos parches de cielo azul, lo que no está garantizado en el nivel bajo del *Stratocumulus*. Asimismo, asociado al *castellanus* está el *floccus*, que también se percibe mejor tanto con el *Altocumulus* como con el *Cirrocumulus*. A veces se las conoce coloquialmente como «nubes paracaídas», término que describe volutas o mechones cumuliformes de nubes (similares a *castellanus*) que también presentan estelas de precipitación (*virga*) que se extienden hacia abajo desde sus bases, haciendo que toda la nube parezca un paracaídas que se desliza sin esfuerzo por el aire. Por su parte, *volutus* es una nueva y rara especie de nube (página 198).

6.

Además de *perlucidus*, *opacus* y *translucidus*, las cuatro variedades restantes del *Altocumulus* son *duplicatus*, *undulatus*, *radiatus* y *lacunosus*. La variedad *undulatus* es bastante común con el *Altocumulus* y describe rayas u ondulaciones en la nube que están alineadas perpendicularmente a la dirección del flujo de aire, formación que suele conocerse como «cielo aborregado» (página 154).

Por su parte, los cinco rasgos suplementarios del *Altocumulus* son *virga*, *mamma*, *cavum*, *fluctus* y *asperitas*. Ya hemos visto *virga* (página 51) y *mamma* (página 130), pero los tres rasgos restantes (*cavum*, *fluctus* y *asperitas*) son nubes totalmente nuevas (páginas 198–199).

El *Altocumulus*, formado en gran parte por gotas de agua superenfriada, es la «nube ejemplar» ideal en la que presenciar la siembra involuntaria de nubes, ya que el *cavum* (página 199), también conocido como agujero o *skypunch*, de producirse, es más habitual verlo en mantos superenfriados de *Altocumulus*. Las pequeñas gotas de agua de tamaño regular del *Altocumulus* también suelen dar lugar a coronas alrededor del Sol o la Luna.

6. ***Estudio de nubes, puesta de sol**, de John Constable, 1821*
Las principales nubes grises en las que se centra parecen ser parches de *Altocumulus*, cuya convección interior ha sido liberada por la inestabilidad del nivel medio. Al fondo, en niveles superiores, predominan las nubes cirriformes, iluminadas por la puesta de sol, con posibles *Stratus* o *Stratocumulus* destacados en el cuarto inferior.

ALTOCUMULUS CASTELLANUS

Merece la pena destacar una especie de *Altocumulus* de nivel medio, no sólo por su belleza, sino también porque es un conocido precursor o pronosticador. La llegada del *Altocumulus castellanus*, denominado «castillos de helado en el aire» por Joni Mitchell en su célebre álbum *Clouds* de 1969, nos da una pista de cómo está cambiando el clima de las cotas medias. Los vientos son más fuertes en los niveles medios que en la superficie terrestre, por lo que los cambios que se producen ahí suelen preceder a los de los niveles bajos. La aparición de *Altocumulus castellanus* en el cielo proporciona, por tanto, una previsión meteorológica bastante fiable para el observador en tierra para las siguientes 12 a 24 horas.

Antes conocido como *castellatus*, el *Altocumulus castellanus* (la pista está en el nombre) está formado por pequeños pero abundantes torreones de estilo castillo medieval que se elevan en forma de espirales de concha marina o, si preferimos optar por una descripción algo más sugerente, como minicucuruchos de helado verticales. Su forma característica, se debe en gran medida a dos procesos físicos: la inestabilidad y la expansión.

Procedencia del *Altocumulus castellanus*

La inestabilidad surge en los niveles medios de la troposfera, cuando una capa de aire relativamente frío se extiende por encima y sobre una capa más cálida y húmeda, desestabilizando así la frontera entre ambas masas de aire. El aire más caliente, al ser menos denso, asciende, por lo que, cuando se produce la condensación, recibe un impulso adicional del calor latente liberado en ese momento.

Del mismo modo que las burbujas de dióxido de carbono se elevan, valientes, e intentan escapar de un vaso de refresco justo después de que se haya vertido, los torreones de aire desestabilizados de nivel medio se ven obligados a elevarse, e intenta escapar a un nivel superior en el que ya no sean inestables. Sin embargo, al hacerlo, se encuentran con una presión atmosférica decreciente y su respuesta natural es expandirse. Esta expansión, que aumenta con la altura, da lugar a esa característica forma de cono de helado.

Lo que podemos aprender del *Altocumulus castellanus*

En latitudes medias, el *Altocumulus castellanus* suele formarse al final de un periodo cálido y sofocante. La evidencia visual del aumento de la inestabilidad en los niveles medios que proporciona no es sólo una advertencia, sino también un «pronóstico inmediato» de que las condiciones más frías ya han llegado a los niveles medios.

Si los sistemas meteorológicos que avanzan continúan su procesión (por lo general, de oeste a este), todo el perfil atmosférico, incluido el de los niveles bajos, puede desestabilizarse aún más. Es probable que estallen tormentas eléctricas y fuertes precipitaciones, que se revelarán en la mayor de todas las nubes: el *Cumulonimbus* (página 126).

7.

7. ***El paquebote Dort procedente de Róterdam en calma, de J. M. W. Turner, 1818***
Puede que el viento sea suave y tranquilo, y la meteorología cálida, pero el primer indicio de un deterioro de las condiciones en las próximas 24 horas se puede ver en la parte superior del cielo, anunciado por el conocido pronosticador, *Altocumulus castellanus* (arriba en el centro). A lo lejos, casi se distingue la corona de un posible *Cumulonimbus calvus* (centro derecha).

Undulatus
Un

CIELO ABORREGADO:
ALTOCUMULUS UNDULATUS

Debido a su patrón de rayas regulares, similar al lomo de un borrego, el *Altocumulus undulatus* se conoce como «cielo aborregado». Estas ondulaciones transitorias, que se desplazan con la nube, se disponen más o menos paralelas entre sí y pueden estar separadas o fusionadas. Suelen ser consecuencia de un repentino aumento de la velocidad del viento con la altura, por ejemplo, cuando una corriente de aire de movimiento rápido fluye sobre otra capa más lánguida. En tales situaciones y de forma muy parecida a como se generan las olas oceánicas en la superficie del mar, se desarrollan oscilaciones en la interfaz entre las dos capas de la superficie superior de la nube. Entonces, el fuerte viento en la superficie superior ayuda a la nube a volcarse en células regulares, separadas por una longitud de onda relativamente corta. Cuando el sol ilumina las crestas blancas de estas células, aportándoles ese toque tan atractivo, se conocen como «nubes onduladas».

En ocasiones, las ondas se hacen un ovillo y se vuelcan muy deprisa, como hace una ola del océano cuando rompe en la orilla. En este caso, se conocen como «ondas de Kelvin-Helmholtz» (en honor a lord Kelvin y Hermann von Helmholtz, que estudiaron la turbulencia). El nombre oficial de este rasgo suplementario es *fluctus* (página 198).

Cabe señalar que el *Altocumulus undulatus* a veces puede confundirse con un *Altocumulus lenticularis*. Sin embargo, en este último caso, la onda es geoestacionaria (permanece fija en el mismo lugar, en relación con el suelo) y la longitud de onda resultante es mucho mayor que en las nubes *undulatus*, cuyas ondas son transitorias y se mueven con la nube.

¿Es cierto el refrán?

«Cielo aborregado, suelo mojado».

Si alguna vez has oído el proverbial pronóstico o algún derivado del mismo, puede que te hayas preguntado si hay algo de verdad en él. Por lo general, los refranes y el folclore sólo perduran si sirven para algo. Mucho antes de la llegada de las predicciones meteorológicas modernas, nuestros antepasados dependían en gran medida de los conocimientos locales que se transmitían de generación en generación para mejorar sus medios de vida o, simplemente, aumentar sus probabilidades de supervivencia. En la actualidad, un meteorólogo podría aplicar el término «pronóstico inmediato» a un cielo aborregado, ya que proporciona pruebas de que tanto la humedad como los vientos están aumentando en los niveles medios de la troposfera, lo que suele anunciar cambios en los niveles bajos en unas pocas horas. Pero dado que el viento está aumentando, es posible que el tiempo inestable que se avecina pase bastante deprisa.

También puede verse cielo aborregado en la nube de nivel alto *Cirrocumulus undulatus*.

8. ***Puesta de sol***, **de Samuel Palmer, 1861**
Palmer inmortalizó aquí una bucólica escena campestre, llena de tranquilidad, pero el fondo revela una espléndida representación de un *Altocumulus undulatus* (cielo aborregado).

9. ***La playa de Villerville***, **de Eugène Boudin, 1864**
Con todo el mundo bien abrigado (¿o quizá sea la última moda?), parece que hace fresco para una excursión por la playa. Sin embargo, el tiempo es bueno y seco, y el cielo es espectacular. El manto nuboso principal es una capa fragmentada de *Altocumulus stratiformis* moteado, levemente bañado por la luz de la puesta de sol. No se trataría de un cielo aborregado, sino más bien de un «mosaico color salmón».

8.

9.

Lenticularis
len

NUBES LENTICULARES:
ALTOCUMULUS LENTICULARIS

Una de las especies de nube más singulares y distintivas es el *Alto-cumulus lenticularis*. Su característica forma de platillo volante, o de lente lisa, sólo puede verse sobre o a sotavento de colinas y cadenas montañosas, proporcionando el telón de fondo perfecto para los fotógrafos y artistas que buscan la imagen definitiva. En raras ocasiones, sobre todo cuando se tiñen de rosa dorado al amanecer o al atardecer, su aspecto es tan de otro mundo que han sido confundidas con ovnis extraterrestres.

La *lenticularis* es especial porque sólo surge en las crestas de las ondas atmosféricas (de otro modo invisibles) que se forman cuando el aire incide en el terreno montañoso y lo atraviesa. Para su formación deben darse unas condiciones meteorológicas particulares, como una estabilidad atmosférica pronunciada (ya sea por un aumento de la temperatura con la altura o por un descenso reducido que restrinja los movimientos ascendentes del aire), el aumento de la velocidad del viento con la altura y la humedad necesaria para la condensación de las nubes. A pesar de estas limitaciones, las imágenes vía satélite confirman que la *lenticularis* es ubicua y aparece en muchas partes de la Tierra casi a diario.

10.

Como ya hemos visto, las ondas de montaña que causan la *lenticularis* son geoestacionarias, es decir, permanecen ancladas sobre el mismo lugar, de forma muy parecida a como la posición de los rápidos y las olas estacionarias de la superficie de un río caudaloso permanecen estáticas a ojos de un observador situado en la orilla.

En la cresta de la ola

La *lenticularis* se desarrolla en las crestas de las ondas porque el aire ascendente se enfría adiabáticamente a medida que asciende en cada cresta; si el flujo de aire contiene suficiente humedad, la saturación y la condensación se producirán muy deprisa (en unos pocos microsegundos) a medida que la temperatura del aire alcanza un mínimo local en el punto más alto de la cresta. Sin embargo, en cuanto el aire sale de la cresta y comienza a descender hacia la vaguada vecina, la nube se evapora a gran velocidad, ya que el aire vuelve a calentarse adiabáticamente en su descenso. Este proceso oscilatorio «arriba y abajo» regular, o resonancia, se propaga hacia adelante con el flujo de aire, más o menos sin perturbaciones. Esto significa que, aunque las propias nubes lenticulares son geoestacionarias, el aire fluye constantemente a través de ellas.

En función de la velocidad a la que fluya a través de la onda, el tiempo que tarda el aire en recorrer una sola longitud de onda de cresta a cresta, también conocido como su frecuencia, suele variar entre 5 y 20 minutos. La amplitud, o desplazamiento vertical, de cada onda depende tanto de la topografía como de los atributos meteorológicos del propio flujo de aire, pero no son infrecuentes las desviaciones de 500 metros (1650 pies) entre la vaguada y la cresta. La inclinación de la onda también depende de factores como la topografía, la velocidad del viento y la altura de la inversión térmica; las primeras ondas suelen ser las más empinadas. Se sabe que, en los flujos de aire más turbulentos, se producen desplazamientos verticales casi instantáneos, una especie de precipicio, conocidos como «saltos hidráulicos» (página 188).

¿Por qué son tan suaves?

El aspecto laminar y de bordes suaves de la *lenticularis* puede atribuirse a las condiciones atmosféricas estables necesarias para su formación, y a las pequeñas y finas gotitas que la componen. A medida que el aire es forzado a atravesar cada cresta de la onda, la rápida condensación da lugar a pequeñas gotas de nube, que se vuelven a evaporar al cabo de tan sólo uno o dos minutos, o incluso menos, cuando el aire sale de la cresta y se sumerge en la siguiente vaguada. La brevedad de su vida hace que tengan pocas posibilidades de convertirse en gotas más grandes o de influir mucho en su entorno cercano; se evaporan tan deprisa como se condensan, lo que significa que la nube mantiene un aspecto suave y aerodinámico.

La especie *lenticularis* puede encontrarse en los tres niveles de nubes, por lo que su género de origen puede ser *Cirrocumulus*, *Altocumulus* o *Stratocumulus*.

10. ***Monte Discovery, con pistas abiertas en hielo nuevo, de Edward Wilson, 1911***
El monte Discovery se encuentra al suroeste del estrecho de McMurdo, en la Antártida. Aquí observamos a barlovento seis o siete oscilaciones de ondas a sotavento atrapadas (*Altocumulus lenticularis*, siempre y cuando sus bases se encuentren por encima de los 2000 metros/6500 pies), creadas por el viento que sopla sobre la montaña. Eso significa que la distancia (o longitud de onda) entre cada cresta de onda es de unos 10 kilómetros (6 millas), típico de las ondas a sotavento de nivel medio.

ONDAS A SOTAVENTO ATRAPADAS

Debido a su estrecha relación con la estabilidad atmosférica, la *lenticularis* es una nube que suele acompañar al buen tiempo. Su aparición en el cielo puede servir para predecir, al menos a corto plazo, condiciones cálidas y secas, aunque también puede hacer viento.

Debido a su mayor contenido total de agua, las versiones de nivel bajo y medio *Stratocumulus lenticularis* y *Altocumulus lenticularis* son brillantes en sus superficies superiores, pero tienden a presentar manchas grises en su parte inferior, sobre todo el *Stratocumulus lenticularis*, que tiene una base oscura. En cambio, el *Cirrocumulus lenticularis* es completamente blanco.

Cuando aparecen trenes regulares de *lenticularis* a sotavento de las cadenas montañosas, los científicos atmosféricos las denominan «ondas a sotavento atrapadas»; están «atrapadas» porque la energía de cada onda permanece confinada en gran medida dentro de la capa estable de aire en la que se forman, y se disipan poco a poco corriente abajo. De hecho, no es raro que sus trenes de ondas se sucedan sin fragmentarse durante más de 10 o 15 longitudes de onda a sotavento, cubriendo así más de 160 kilómetros (100 millas). En ocasiones, se han observado ondas a sotavento en imágenes de satélite que se extienden más de 1000 kilómetros (600 millas) aguas abajo de su perturbación inicial.

Variación de las ondas a sotavento

Las ondas a sotavento provocadas por picos aislados, como una pequeña isla o un volcán prominente, dejan una «estela» en las nubes, del mismo modo que lo hace un pequeño barco al pasar por una superficie de agua en calma, un patrón que también se identifica con facilidad desde un satélite. Asimismo, puede suceder que, al chocar contra el borde o la esquina de una cadena montañosa, la nube desarrolle corriente abajo un patrón más parecido al de una espina de pez, con una orientación de las ondas en ángulo respecto al flujo, lo que recuerda a la forma en que las ondas de luz «difractan» al pasar por una esquina o una rendija estrecha. La interferencia de las ondas puede dar lugar a patrones adicionales y más complicados de nubes a sotavento.

Por el contrario, cuando el flujo de aire que incide se eleva de manera uniforme sobre una larga cresta montañosa alineada perpendicularmente al viento, la *lenticularis* resultante puede aparecer como un rodillo de nubes estrecho pero largo y recto, que se repite corriente abajo, una formación que a veces puede confundirse con *radiatus*.

Como dicta la física de las ondas a sotavento, su longitud de onda (la distancia de cresta a cresta entre *lenticularis* adyacentes) aumenta con velocidades del viento más altas y, dado que la velocidad del viento por lo general aumenta con la altura, la longitud de onda de la *lenticularis* también suele aumentar con la altitud. Los valores típicos oscilan entre 1,5 y 8 kilómetros (entre 1 y 5 millas) en niveles bajos, entre 7 y 20 kilómetros (entre 4 y 12 millas) en niveles medios y hasta 32 kilómetros (20 millas) en niveles altos.

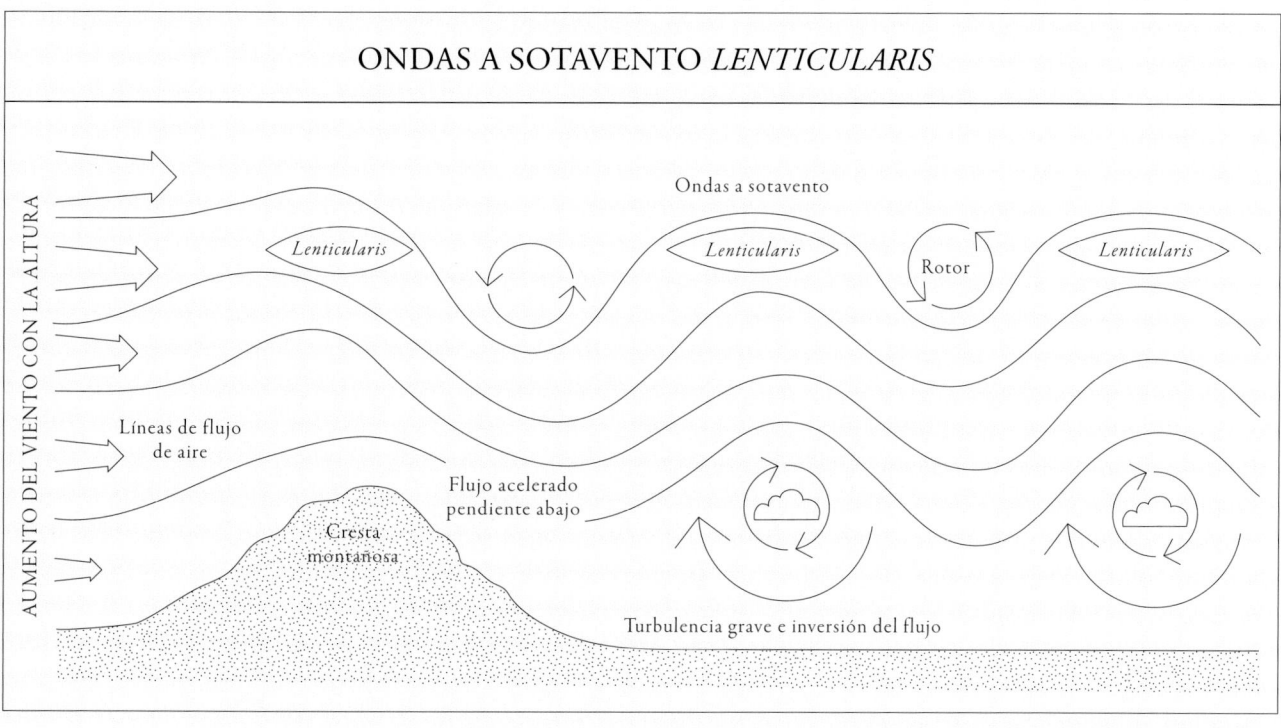

ONDAS A SOTAVENTO *LENTICULARIS*

AUMENTO DEL VIENTO CON LA ALTURA

Ondas a sotavento

Lenticularis

Lenticularis

Rotor

Lenticularis

Líneas de flujo de aire

Flujo acelerado pendiente abajo

Cresta montañosa

Turbulencia grave e inversión del flujo

Cuando la *lenticularis* rompe las reglas

Aunque la *lenticularis* es casi siempre geoestacionaria, hay algunas ocasiones en las que la nube puede cambiar de posición. El primer caso se produce si el viento es fuerte, cuando una cresta de onda prominente (y su nube lenticular asociada) se sitúa a poca distancia a sotavento de la cima de una montaña redondeada y la cresta de onda comienza a actuar como si fuera la propia cima de la montaña. Cuando esto ocurre, el aire sigue fluyendo hacia la onda, pero la cresta (y su tren de ondas asociado, que se propaga a favor del viento) empieza, muy despacio, a migrar corriente abajo. Al final, llega un punto en que la corriente de aire no puede seguir ascendiendo hacia la primera onda porque se ha desplazado demasiado aguas abajo y, por tanto, su eje está demasiado inclinado con respecto a la cima de la montaña que tiene debajo. Cuando esto sucede, el sistema se colapsa, sólo para que una nueva cresta de onda primaria se vuelva a formar sobre, o justo a sotavento, de la cumbre de la montaña. El tren de ondas resultante también se desplazaría corriente arriba un poco, justo antes de que el ejercicio se repita.

Esquema de un flujo de aire que atraviesa una cadena montañosa y la formación de *lenticularis* debido al enfriamiento adiabático de sus crestas de onda a sotavento
Las ondas de montaña pueden formarse a sotavento de cualquier colina o montaña cuando aumenta la estabilidad con la altura y se combina con el aumento de la velocidad del viento. Todas las ondas a sotavento son geoestacionarias, es decir, permanecen en el mismo lugar mientras el aire atraviesa la nube. En casos extremos, puede formarse una nube «rotor» adicional dentro de la circulación orbital justo debajo de cada cresta de onda, lo que provoca una inversión local del flujo y turbulencias graves a nivel del suelo.

ALTOCUMULUS LENTICULARIS DUPLICATUS: PILE D'ASSIETTES

Uno de los espectáculos más bellos, seductores y llamativos de cualquier nube es, sin duda, la variedad *duplicatus* de *lenticularis*, que se suele describir utilizando el término francés *pile d'assiettes* ('pila de platos'). Describe capas apiladas, o duplicadas, de nubes lenticulares que parecen apiladas unas sobre otras.

Dado que la *lenticularis* se forma en una masa de aire estable y es el resultado directo de un flujo de aire que se ve obligado a atravesar una colina o montaña, el equilibrio hidrostático de la atmósfera (página 52) garantiza que, tras pasar por encima de la cresta de la montaña, se hunda de inmediato por el otro lado (en realidad, el equilibrio hidrostático se excede; en su deseo más bien impetuoso de restablecer el orden al instante, el aire, en lugar de volver al estado de reposo tras atravesar la montaña, sigue oscilando durante una distancia considerable corriente abajo, formando ondas a sotavento). En tales casos, las distintas microcapas de la atmósfera que fluyen sobre la colina o montaña tienden a no mezclarse entre sí, sino que todas se elevan discretamente al mismo tiempo, al unísono. Si sólo se satura la parte superior de cada microcapa, se forma una serie de nubes lenticulares individuales, cuya cresta parece apilarse sobre su vecina más próxima. El resultado es la formación de una nube *pile d'assiettes* o *Altocumulus lenticularis duplicatus*. La *pile d'assiettes* también puede aparecer en los niveles bajo y alto.

No es necesario que las montañas sean especialmente altas para que se forme la *lenticularis*. Por ejemplo, en entornos costeros o húmedos, cuando el aire se ve obligado a ascender por colinas modestas, de tan sólo unos pocos cientos de metros de altura, suele haber suficiente sustentación como para saturar el aire a muchos niveles. Si el flujo de aire es lo bastante estable y se combina con la cizalladura del viento adecuada (aumento de la velocidad del viento con la altura), suelen formarse nubes de onda de montaña en pocos microsegundos.

Dado que las nubes *lenticularis* están formadas por diminutas gotas de agua o cristales de hielo que no tienen oportunidad de crecer más antes de volver a evaporarse, a veces muestran llamativos colores iridiscentes (página 78) que se ejemplifican mejor en las nubes madreperla o nacaradas estratosféricas (página 208).

De vez en cuando, el *Altocumulus lenticularis* de gran longitud de onda, pero pequeña amplitud, que sobrevive un poco más en la atmósfera, puede mostrar con claridad los efectos de las leyes de la radiación. El enfriamiento de su superficie superior debido a la radiación infrarroja hacia el espacio hace que se manifiesten pequeñas células de vuelco o mininubes en la capa nubosa (*Altocumulus perlucidus*). Del mismo modo, los fuertes vientos que soplan en la superficie superior de la nube pueden enrollar las células en «nubes onduladas» (*Altocumulus undulatus*), que a su vez pueden romperse y formar la hermosa onda de Kelvin-Helmholtz y el nuevo rasgo suplementario *fluctus* (página 198).

11. ***Lenticularis duplicatus Cumulostratus*, de Luke Howard, fecha desconocida**
Howard captura con brillantez en este esquema la forma exacta de una *pile d'assiettes* (*Altocumulus lenticularis duplicatus*). Por debajo de las nubes ondulatorias hay algunos *Stratus* y *Cumulus* de nivel bajo; en los niveles altos hay algunas representaciones de nubes cirriformes.

11.

6

5

«Soy hija de la Tierra y el agua,
y la niña mimada del cielo;
paso a través de los poros
del océano y las orillas; cambio,
pero no puedo morir».

Percy Bysshe Shelley, *La nube* (1820)

4

3

2

1

ESPECIES DE NUBES ALTAS

ÁRBOL GENEALÓGICO DE LAS NUBES ALTAS

Existen tres géneros de nubes altas: *Cirrus*, *Cirrocumulus* y *Cirrostratus*. Junto con la cima en forma de yunque del imponente *Cumulonimbus*, representan la mayor altitud que pueden alcanzar nuestras nubes meteorológicas. Esto se debe a la presencia de la tropopausa, una fuerte inversión térmica en el límite entre la troposfera y la estratosfera, que crea un eficaz «tapón» o «capuchón» de mayor estabilidad que impide que sigan creciendo hacia arriba.

La OMM define los niveles de las nubes altas en función de la latitud: entre 3000 y 8000 metros (entre 10 000 y 25 000 pies) para las regiones polares; entre 5000 y 13 000 metros (entre 16 500 y 45 000 pies) en climas templados, y entre 6000 y 18 000 metros (entre 20 000 y 60 000 pies) para las regiones tropicales. Si echamos un vistazo rápido a las definiciones de nivel bajo y medio (páginas 86 y 138), vemos que los límites del nivel medio se solapan con los del nivel alto. Además, como hemos visto en las definiciones de las nubes altas que no cubren todo el cielo, la troposfera tropical puede ser más del doble de gruesa en el ecuador que en los polos.

El primer género de la familia de las nubes altas es *Cirrus* (que significa 'rizo de pelo'). Tiene cinco especies (*fibratus*, *uncinus*, *spissatus*, *castellanus* y *floccus*), cuatro variedades (*intortus*, *radiatus*, *vertebratus* y *duplicatus*) y dos rasgos suplementarios (*mamma* y *fluctus*).

Cirrocumulus (que significa 'rizo de pelo amontonado') tiene cuatro especies (*stratiformis*, *lenticularis*, *castellanus* y *floccus*), dos variedades (*undulatus* y *lacunosus*) y tres rasgos suplementarios (*virga*, *mamma* y *cavum*).

El último, aunque no por ello menos importante, es *Cirrostratus* (que significa 'capa peluda o fibrosa'). Sólo tiene dos especies (*fibratus* y *nebulosus*), dos variedades (*duplicatus* y *undulatus*) y ningún rasgo suplementario.

Lo curioso es que tanto el *Cirrus* como el *Cirrostratus* siempre están completamente congelados y, por lo tanto, sólo están formados por cristales de hielo, aunque, de vez en cuando, el *Cirrocumulus* puede estar formado por gotas de agua superenfriada (sobre todo las especies *castellanus* y *lenticularis*), pero, por lo general, se congelan al cabo de un par de horas.

CLASIFICACIÓN DE LAS NUBES ALTAS

GÉNERO	ESPECIE, VARIEDAD, NUBE MADRE U OBSERVACIÓN GENERAL	<u>*</u>	<u>o</u>
Cirrus (Ci)	*fibratus* o *uncinus*	$C_H=1$	
	spissatus (no-*cumulonimbogenitus*), *castellanus* o *floccus*	$C_H=2$	
	spissatus cumulonimbogenitus	$C_H=3$	
	uncinus o *fibratus* invaden progresivamente el cielo	$C_H=4$	
Cirrostratus (Cs)	Invade progresivamente el cielo, pero se extiende <45° por encima del horizonte	$C_H=5$	
	Invade progresivamente el cielo, se extiende >45° por encima del horizonte, pero no cubre todo el cielo	$C_H=6$	
	Cubre todo el cielo	$C_H=7$	
	No invade progresivamente el cielo ni tampoco cubre todo el cielo	$C_H=8$	
Cirrocumulus (Cc)	Sólo en el cielo o predominando	$C_H=9$	

<u>*</u> Código de la OMM   <u>o</u> Símbolos internacionales de las nubes

Códigos, abreviaturas y símbolos respectivos de la OMM para las especies de nubes altas seleccionadas. Por ejemplo, si se observa un *Cirrus uncinus*, el código que se registra es $C_H=1$. Sin embargo, no todas las nubes altas están codificadas.

1.

NUBES CIRRIFORMES

1. **Mañana de primavera con viento del noreste, en Vevey,
de John Ruskin, 1849 o 1869**
Las nubes estriadas de nivel alto (*Cirrus fibratus radiatus* con
un toque de *Cirrocumulus*, engrosando a *Cirrostratus* y quizás
incluso algo de *Altostratus* o *Altocumulus*, arriba a la izquierda)
probablemente se están formando en una fuerte corriente en
chorro de nivel alto de norte o noroeste.

NUBES CIRRIFORMES

El disco solar está difuminado, pero sigue siendo perceptible a través de una extensa capa de nubes blancas o pálidas; se trata, por tanto, de un *Cirrostratus* o *Cirrocumulus*. Se percibe un pilar solar (página 183) justo encima del Sol, lo que indica una nube compuesta por cristales de hielo. Sobre la superficie del agua, la atmósfera es brumosa o calimosa, con visibilidad horizontal restringida, como suele ocurrir con mucha frecuencia en los cuadros de Constable. La imagen especular de la luz solar en el agua, así como la ausencia de velas izadas, indican unas condiciones casi de calma.

*3. **Regatas en el Solent,** de Alice Maude Taite Fanner, 1912*
Gruesas rayas de *Cirrus fibratus radiatus* de un blanco gélido se extienden por un bonito y fresco cielo azul. En la parte superior izquierda, parece haber algún *vertebratus* (o posiblemente *undulatus*), con sus componentes dispuestos perpendicularmente a la dirección superior del flujo de aire, desde abajo a la izquierda hasta arriba a la derecha. Algunas nubes *Cumulus* diurnas ocupan un nivel mucho más bajo (centro y derecha del cielo). Hace viento tanto en superficie como en los niveles de nubes altas; es probable que fuertes vientos de corriente en chorro estén dirigiendo el *Cirrus*.

Cuanto más se asciende en la troposfera, más se enfría. A pesar de la presencia de abundantes gotas de agua líquida superenfriada con una temperatura inferior al punto de congelación (0 °C/32 °F) en las nubes, tanto en los niveles bajos como medios de la troposfera, cuando se alcanza el umbral de los -38 °C (-36 °F), todos los hidrometeoros están congelados. Y dado que la temperatura del aire cerca de la tropopausa suele estar entre los -40 °C (-40 °F) y los -65 °C (-85 °F), el vapor de agua condensado, al menos en las regiones superiores de la troposfera, casi siempre está congelado, por lo general en forma de diminutas columnas o plaquetas de cristales de hielo hexagonales. Se producen excepciones, como en los mantos superenfriados de *Cirrocumulus* o cuando potentes corrientes de convección arrastran las gotas de agua líquida a niveles superiores de la troposfera en el *Cumulonimbus*, pero, si se les da la oportunidad, se transforman en una mezcla helada en pocos minutos.

Los copos de nieve y los cristales de hielo caen a velocidades suaves y más despacio que las gotas de lluvia, algo fácil de observar durante una nevada. La velocidad terminal de un copo de nieve en la superficie terrestre no supera el metro por segundo, frente a los 8-10 metros por segundo de las gotas de lluvia más grandes. En los niveles altos de la troposfera, los cristales de hielo son mucho más pequeños y están más fríos que a nivel del suelo, tienen menos masa y son más variados en tamaño y forma; aquí, las velocidades terminales son aún más bajas, pues alcanzan un máximo de tan sólo medio metro por segundo para cristales de 1 milímetro en la troposfera superior.

Los enlaces moleculares que mantienen unidos los cristales de hielo también son más fuertes que los de las gotas de agua líquida. Esto, junto con su velocidad de caída más lenta, significa que los cristales de hielo duran más en el aire que las gotas de lluvia y, por consiguiente, tienen el potencial de causar un mayor efecto de enfriamiento en su entorno cercano a medida que van cayendo.

Aunque el aire pudiera estar saturado en los niveles altos, algo que se evidenciaría en forma de nube, debido a la baja temperatura del aire a esas alturas, la cantidad total absoluta de agua presente seguiría siendo baja porque el aire frío no puede retener mucho vapor de agua (páginas 26 y 48). Esto significa que las nubes de hielo son visualmente finas. Sin embargo, cuando las nubes sólo están formadas por cristales de hielo, presentan una gran variedad de hábitos y facetas, y pueden producir algunos efectos ópticos y halos espectaculares (página 182).

Como resultado de la morfología de los cristales de hielo y de su comportamiento a bajas temperaturas, las nubes troposféricas altas *Cirrus*, *Cirrocumulus* y *Cirrostratus*, comúnmente conocidas como «nubes cirriformes», suelen ser muy diferentes en forma, aspecto y duración de las nubes de nivel medio y bajo, que suelen estar formadas por gotas de agua en su totalidad. Al mismo tiempo y, sobre todo, con un azul cobalto como telón de fondo, contribuyen a la enorme variedad, diversidad y belleza de los cielos.

2.

3.

Cirrus
Ci

ÍNDICE	
Género	*Cirrus*
Códigos de la OMM	C_H=1,2,3,4
Latín	'rizo de pelo'
Especies	*fibratus* *uncinus* *spissatus* *castellanus* *floccus*
Variedades	*intortus* *radiatus* *vertebratus* *duplicatus*
Nubes adicionales	*mamma* *fluctus*
Nubes accesorias	Ninguna
Aspecto	Blanco, tenue, plumoso
Frecuencia	Común

LA NATURALEZA Y LA GEOMETRÍA DEL *CIRRUS*

Cirrus, que significa 'rizo de pelo', describe bien el aspecto suave, aborregado y fibroso de estas nubes de hielo de nivel alto. Debido a la larga vida de los cristales de hielo en la atmósfera, así como a los fuertes vientos que suelen soplar en los niveles superiores de la troposfera, se produce un gran surtido de formas de nubes, lo que se traduce en cinco especies diferentes de *Cirrus*, el conjunto más alto de cualquier género de nubes: *fibratus*, *uncinus*, *spissatus*, *castellanus* y *floccus*.

La especie *fibratus* describe rayas o filamentos helados blancos rectos o levemente curvados. Estos filamentos o hebras suelen estar separados unos de otros y con frecuencia se dan en asociación con la variedad *radiatus* (véase más abajo). Por el contrario, *uncinus* describe estrías blancas fibrosas y alargadas que se extienden o caen hacia abajo desde un gancho o penacho pronunciado; en ocasiones, todo el elemento nuboso se asemeja a una coma, conocida coloquialmente como «cola de caballo» (página 172). Estas dos especies de *Cirrus*, *fibratus* y *uncinus*, se observan con regularidad a niveles altos.

Spissatus es la única especie de nube cirriforme lo bastante espesa como para parecer grisácea, debido al hecho de que suele proceder del yunque de un *Cumulonimbus incus*. Es posible que la propia nube de tormenta se haya extinguido muchas horas antes, y haya dejado tras de sí un denso residuo de cristales de hielo en los niveles más altos, que durante el periodo intermedio pueden haber sido desviados a una distancia considerable por los fuertes vientos. La fuerte convección en los frentes meteorológicos activos también puede producir *Cirrus spissatus*, que se vuelven visibles para los observadores en tierra cuando los fuertes vientos los arrastran muy por delante del sistema meteorológico.

Las dos especies restantes, *castellanus* y *floccus*, también aparecen con *Cirrus*, pero quizá se ejemplifiquen mejor con el género separado de *Cirrocumulus*.

Variedades y rasgos

Existen cuatro variedades de *Cirrus* (*intortus*, *vertebratus*, *radiatus* y *duplicatus*) y dos rasgos suplementarios (*mamma* y *fluctus*). *Radiatus*, *duplicatus* y *fluctus* se dan con no menos de cinco géneros de nubes diferentes, y *mamma* con seis (consulta la Tabla de nubes de las páginas 14-15). Sin embargo, tanto la variedad *intortus* como la *vertebratus* son exclusivas de *Cirrus* y, por tanto, merecen una mención especial.

Intortus describe la disposición confusa o irregular de los filamentos del *Cirrus*, o su aparente disposición irregular cuando se observan oblicuamente desde el suelo. Las causas más probables de este supuesto caos suelen ser la turbulencia y la cizalladura del viento (cambios rápidos de velocidad y dirección del viento con la altura), combinadas

4.

con cristales de hielo que atraviesan poco a poco las capas de la cizalla-dura. De igual forma, *vertebratus* describe la disposición o aparente disposición de los filamentos del *Cirrus* que da lugar a esa forma de espina de pez o caja torácica, que puede surgir como resultado direc-to de procesos atmosféricos reales que interactúan a 90 grados (como ya hemos visto con *radiatus* y *undulatus*, respectivamente). Del mis-mo modo, la formación puede aparecer brevemente en el cielo y, al igual que la *intortus*, puede ser simple resultado de la percepción o perspectiva del observador en tierra.

Por último, la especie *Cirrus radiatus* tiene la singularidad de ser la única nube producida en grandes cantidades por el ser huma-no, ya que se suele manifestar en forma de estelas de condensación lineales generadas por los aviones, aunque no siempre se producen de este modo. Cuando es de origen humano, añadimos a su nomen-clatura el nombre de su nube madre, *homogenitus* (página 194), con lo que su título completo pasa a ser *Cirrus radiatus homogenitus*.

4. **Estudio de nubes Cirrus, de John Constable, ca. 1822**
Se podría decir que el tema principal no son los cirros, sino que más bien priman las prominentes nubes blancas. Es posible que se trate de un *Altocumulus castellanus* o *Altocumulus floccus*, dada la ausencia de glaciación (*castellanus* y *floccus* también se encuentran en el nivel cirriforme, pero suelen ser mucho más pequeñas que las representadas aquí). Algo secundario a las nubes *castellanus*, el *Cirrus fibratus radiatus* disecciona el cuadro de izquierda a derecha, como impulsado por una potente corriente en chorro del oeste (algo que suele suceder). Sin embargo, su yuxtaposición directa con las especies de *floccus* y *castellanus* parece incongruente desde el punto de vista meteorológico.

5. *Cirrus en diferentes formas,* **e Edward Kennion según los estudios de Luke Howard, fecha desconocida**
«Rizos de pelo» de un *Cirrus uncinus*, según este boceto de Howard de 1803. Las «colas de caballo» suelen formarse en grupos que se estiran y extienden más o menos de la misma manera y en la misma dirección, lo que confiere cierta asimetría a cada escena.

6. *Dibujo de nubes,* **de Luke Howard, fecha desconocida**
En este caso, los «rizos de pelo» están dispuestos de forma un tanto aleatoria, sin orden ni dirección preferentes. Si los elementos de la nube tienen una impresión o forma «esquelética», se añade la variedad *vertebratus* al nombre de la nube. Pero si son completamente irregulares y deformes, se utiliza la variedad *intortus*.

LAS COLAS DE CABALLO: *CIRRUS UNCINUS*

Una de las formaciones nubosas de *Cirrus* más comunes es el *Cirrus uncinus* (que significa 'ganchos' de *Cirrus*) o «colas de caballo». Se trata de estrías o filamentos plumosos alargados de color blanco que se extienden a favor del viento desde un gancho o mechón pronunciado. No indican mal tiempo inminente, ya que el hecho de que podamos ver esta nube alta desde abajo en primer plano significa que debe ser un día relativamente bueno. No obstante, las colas de caballo tienden a formarse durante condiciones cambiantes y periodos de sistemas meteorológicos móviles. Esto se debe a que su formación está vinculada a fuertes vientos de la troposfera superior, o corrientes en chorro, que tienden a guiar nuestros sistemas meteorológicos por «cintas transportadoras» de nivel superior, al menos en las latitudes medias.

Los pequeños mechones blancos del *Cirrus uncinus* señalan el lugar o la posición donde se inició la formación de la nube (donde se ha producido la saturación y condensación del aire), por lo general en forma de nucleación de cristales de hielo. Por lo tanto, indican lugares de leves movimientos ascendentes del aire que pueden producirse por convección (inestabilidad), por ejemplo, cuando una capa de aire más frío fluye sobre una capa más cálida y húmeda. Asimismo, los movimientos ascendentes suaves pueden estar causados por el avance casi lateral de un frente meteorológico (páginas 34 y 108), o pueden ser consecuencia de una elevación suave anterior de toda la masa de aire sobre una montaña. Sea cual sea la causa, el resultado de estos procesos es indicativo de que el *Cirrus uncinus* tiende a aparecer en grupos lineales en el cielo, en vez de en formaciones aisladas. Si la elevación y convección en el nivel del *Cirrus* son más fuertes y pronunciadas, pueden formarse en su lugar las especies separadas de *Cirrus* y *Cirrocumulus*, más concretamente *castellanus* y *floccus*.

Las colas de *Cirrus uncinus* son, en realidad, estelas de precipitación (*virga,* aunque no se denominen como tales), ya que se trata de diminutos cristales de hielo que han sufrido la cizalladura del viento al caer en una región de viento más fuerte o más débil, o de uno procedente de una dirección distinta, y dentro del cual se ven arrastrados lateralmente. Dada la vida, por lo general, más larga de los cristales de hielo en la atmósfera en comparación con las gotas de agua, estas colas pueden extenderse distancias considerables a sotavento antes de evaporarse (o sublimarse) por completo.

5.

6.

7.

CIRROSTRATUS (Cs)

7. *Estudio de nubes*, de Frederic Edwin Church, 1880

En la parte superior central y a la izquierda, podemos ver algunos parches de *Altocumulus undulatus* (nubes onduladas). Un poco más abajo y a la derecha, la línea rosa prominente puede indicar la posición del borde de ataque de un *Cirrocumulus lenticularis* más alto pero incompleto, con el telón de fondo de una capa general de *Cirrostratus*.

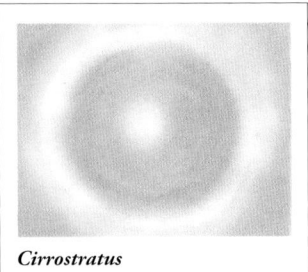

Cirrostratus
Cs

ÍNDICE	
Género	*Cirrostratus*
Códigos de la OMM	C$_\text{H}$=5,6,7,8
Latín	'capa de rizos de pelo'
Especies	*fibratus* *nebulosus*
Variedades	*duplicatus* *undulatus*
Nubes accesorias	Ninguna
Aspecto	Capa nebulosa difusa de color blanco pálido
Frecuencia	Común

LA NATURALEZA DEL *CIRROSTRATUS*

Al igual que sus primos de nivel inferior, *Stratus* y *Altostratus*, una capa de *Cirrostratus* tiene un aspecto exterior algo borroso y bastante nebuloso. Suele aparecer como un velo difuso de elementos lisos o fibrosos, que puede extenderse poco a poco por el cielo, proporcionando las primeras pistas visuales de un frente meteorológico que avanza y que aún puede encontrarse a cientos de kilómetros de distancia. Sin embargo, a diferencia de sus parientes de nivel inferior, el *Cirrostratus* está compuesto en su totalidad por cristales de hielo, lo que le confiere una composición mucho más tenue que las nubes inferiores, ricas en agua, y siempre parece blanco y translúcido a la vista.

Existen dos especies de *Cirrostratus*: *fibratus* y *nebulosus*. Al igual que el *Cirrus fibratus*, del que a menudo procede, el *Cirrostratus fibratus* está formado por finos filamentos o estrías, pero en este caso están contenidos dentro del propio velo de la nube. Por el contrario, el *Cirrus nebulosus* no presenta ninguna variación horizontal en su tonalidad. De hecho, a veces es tan tenue y borroso que no es fácil observarlo a menos que la sombra de una nube superior, como una estela de condensación, se proyecte sobre él; la nube en sí misma sólo puede revelarse mediante la materialización de un hermoso halo de hielo (página 182).

También existen dos variedades de *Cirrostratus: undulatus* y *duplicatus*. Debido a la frecuente presencia de fuertes vientos en la troposfera superior y a los cambios bruscos de velocidad y dirección del viento con la altura, la variedad *undulatus*, formada por células de vuelco o nubes onduladas regulares y de longitud de onda corta (página 154), se observa con bastante frecuencia en el *Cirrostratus*, pero sobre todo en el *Cirrocumulus*. Además, dada la naturaleza translúcida del *Cirrostratus*, la variedad *duplicatus* (formada por dos o más capas de esta nube) también se observa con mayor facilidad que en las nubes más bajas.

No hay nubes adicionales ni rasgos suplementarios asociados al *Cirrostratus*.

8. ***Tormenta en Rügen*, de Hans Gude, 1882**
Apenas se distingue una fina capa de *Cirrostratus nebulosus* del cielo circundante. Sólo puede percibirse cuando los rayos de sol o la luz de la luna se atenúan y se vuelven más difusos tras atravesarla. Aquí, una capa inferior de nubes (quizás *Stratus* o *Altostratus*) también dificulta otear el horizonte.

9. ***Estudio de nubes con tejados*, de John Constable, sin fecha**
Resulta tentador inferir alguna iridiscencia de nube en este Constable, pero es más probable que simplemente se trate del típico amanecer o atardecer, con parches altos de *Cirrostratus* teñidos de un color crema rosado por la luz solar oblicua. Desde el punto de vista meteorológico, resulta más interesante la prominente nube gris de nivel bajo situada sobre los tejados; parece un *Stratocumulus lenticularis* mal formado, quizás en proceso de «modificación».

8.

9.

10.

CIRROCUMULUS (Cc)

10. *Puesta de sol en el valle del Hudson en invierno,* de Frederic Edwin Church, 1870

Por encima de la montaña (en el centro), flota a la deriva un gran banco de *Cirrocumulus stratiformis* de buen tiempo y gran altura (o quizás un *Altocumulus translucidus perlucidus*, en función del nivel exacto). Justo debajo, se perciben parches grises más pequeños y finos de nubes, posiblemente *undulatus*, junto con unos cuantos parches bajos irregulares de *Cumulus fractus* o *Stratocumulus*, que se sitúan por encima de la cumbre de la montaña. Las dos capas superiores de nubes parecen comenzar a formarse en un «límite» o «línea» distintiva en el cielo; tal vez sean restos de un sistema meteorológico o la consecuencia de la orografía. A lo lejos, se acerca un velo cada vez más espeso de *Cirrostratus*.

Cirrocumulus
Cc

LA NATURALEZA DEL *CIRROCUMULUS*

En términos generales, el *Cirrocumulus* puede considerarse el equivalente de nivel alto del *Altocumulus* (véanse las páginas 148-161). Debido a que los mecanismos de formación del *Cirrocumulus* y el *Altocumulus* (y *Stratocumulus*) son parecidos, comparten las mismas cuatro especies, *stratiformis*, *lenticularis*, *castellanus* y *floccus*, además de sus dos variedades, *undulatus* y *lacunosus*. Sin embargo, debido al nivel de formación más alto y frío del *Cirrocumulus*, su composición mayoritariamente de cristales de hielo hace que existan algunas diferencias notables tanto en forma como en textura. De hecho, podría decirse que estas diferencias de composición y aspecto hacen que quizá sea el género de nubes más bonito.

El género *Cirrocumulus* describe una capa elegantemente moteada de mininubes blancas a gran altitud. Nunca se vuelve grisácea ni oscurece el cielo de forma apreciable, por lo que crea la sensación de que hace un buen día, incluso espléndido. La absorción y emisión de radiación infrarroja, que constituye una parte vital del sistema climático de la Tierra, también desempeña un papel importante en la evolución de los *Cirrocumulus*, ya que con frecuencia mutan a partir de otras nubes cirriformes o se transforman en ellas.

Al principio, su especie más común, el *Cirrocumulus stratiformis*, suele parecerse mucho al *Altocumulus stratiformis*, pero es más delgada y siempre blanca, y sus nubes individuales parecen relativamente pequeñas debido a su gran altura y a la distancia que las separa del suelo. Las diferentes nubecillas suelen estar separadas por claros (de menos de dos kilómetros de diámetro) por los que se cuela el cielo azul. Si están dispuestas en franjas onduladas regulares, también describen la variedad *undulatus* (el mejor ejemplo es la formación «cielo aborregado», página 154). El aumento de la cizalladura del viento, habitual en niveles altos, contribuye al vuelco de la nube en tales circunstancias. Por su parte, la variedad *lacunosus*, al igual que en el caso de las nubes medias y bajas, describe una estructura de panal dentro del *Cirrocumulus*, donde hay más claros que nube.

Bella y seductora
Como en el caso del *Altocumulus lenticularis* (página 156), el *Cirrocumulus lenticularis* también describe hermosas nubes de onda de montaña en forma de lente que se suelen formar en niveles de nubes altas a sotavento de una cresta montañosa cuando las condiciones atmosféricas lo permiten; las ondas pueden llegar a propagarse también a la estratosfera. Si las gotas de nube o los cristales de hielo son muy pequeños, algo bastante habitual en las *lenticularis* y en todas las nubes altas, la iridiscencia (coloración de las nubes debida a la difracción de la luz; página 78) puede aparecer cuando se observa desde cierto ángulo, lo que aumenta aún más el espectáculo. El *Cirrocumulus lenticularis* también suele asociarse a un rasgo único y poderoso que a veces se forma directamente sobre las montañas: el «salto hidráulico» (página 188).

11.

Las dos especies restantes de *Cirrocumulus*, *castellanus* y *floccus*, son igual de bellas y seductoras. También se forman de manera parecida y tienen un aspecto exterior análogo al de sus parientes de nivel medio, *Altocumulus castellanus* y *Altocumulus floccus*. Sin embargo, a diferencia de ellos, los *Cirrocumulus castellanus* y *floccus* son siempre blancos, tienen un aspecto más lanoso y mullido, y carecen de la estructura fractal y de coliflor de las nubes cumuliformes de niveles más bajos; cuando se cumplen estas condiciones, es indicativo de que están compuestos por cristales de hielo.

Debido a los movimientos verticales que se producen en su interior y a diferencia tanto del *Cirrus* como del *Cirrostratus*, el *Cirrocumulus* puede mostrar evidencias visuales de convección y, por lo tanto, puede producir precipitaciones (aunque nunca lleguen al suelo), algo que, por lo general, suele originarse en las especies *castellanus* o *floccus*. De vez en cuando, también se puede ver *mamma*. Si se dan las circunstancias y hay gotas de agua superenfriada en una capa de *Cirrocumulus stratiformis*, se acaban transformando en cristales de hielo que caen de la nube y dejan un agujero o *cavum* (página 199) en la capa nubosa.

*11. **La playa de Villerville, Normandía,** de Axel Lindman, ca. 1878*
En ocasiones, podemos permitirnos cierta ambigüedad al intentar distinguir entre *Cirrocumulus* y *Altocumulus*, debido al hecho de que los límites de altitud de los niveles medio y alto a veces se solapan (página 164). Un buen consejo para su observación es que las pequeñas nubes del *Cirrocumulus* siempre son blancas, mientras que las del *Altocumulus* tienden a ser algo más opacas. Por lo tanto, aquí, en esta escena impresionista de mujeres trabajando en la playa con la marea baja, lo más probable es que la capa de nubes sea un *Cirrocumulus stratiformis*.

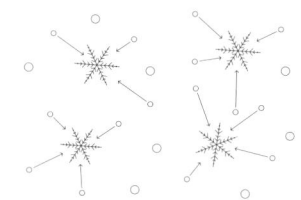

Los cristales de hielo crecen a expensas de las gotas de agua

Representación esquemática del crecimiento de los cristales de hielo a expensas de gotas de agua superenfriada, cuando el aire está saturado con respecto al hielo, pero no con respecto al agua líquida.

WILSON Y LAS
EXPEDICIONES BRITÁNICAS
A LA ANTÁRTIDA

Edward Wilson (1872-1912) viajó dos veces a la Antártida junto al capitán Robert Falcon Scott, primero como cirujano segundo y zoólogo en la Expedición Discovery (1901-04), y después como jefe médico y responsable científico de la malograda Expedición Terra Nova (1910-13). También era un artista de gran talento. Wilson murió en su tienda de campaña con sus compañeros, el capitán Robert Falcon Scott y Henry Robertson Bowers, a su regreso del Polo Sur en marzo de 1912.

HALOS DE CRISTALES DE HIELO

En ocasiones, las nubes de cristales de hielo, como el *Cirrostratus*, crean impresionantes ilusiones ópticas en la atmósfera. Esto se debe a que los cristales de hielo interactúan más con los rayos de luz que las gotas de agua. Los cristales de hielo tienen muchas facetas (o hábitos) diferentes, con ángulos y bordes afilados que definen las caras de los cristales; por lo tanto, las nubes formadas por miles de millones de diminutos cristales de hielo son un auténtico salón flotante de pequeños espejos, que hacen que cualquier rayo de luz se refleje o refracte de formas muy diversas. El resultado puede ser cualquiera de una amplia gama de bellos efectos ópticos, cada uno de los cuales depende del tamaño, la forma y la orientación de los cristales de hielo, de la intensidad y dirección de la luz entrante, y del ángulo de visión del observador.

Las manifestaciones de cristales de hielo más habituales que se observan en las nubes cirriformes son el halo solar o lunar «común» de 22 grados, los parhelios, los «pilares solares» y el arco circuncenital.

El halo común

El halo de 22 grados, o halo común, se suele ver como un anillo blanquecino que rodea el Sol o la Luna a esa precisa separación angular del objeto celeste. Está causado por cristales de hielo hexagonales que caen despacio sin una orientación determinada. El halo común, considerado por marineros y navegantes a lo largo de los siglos como presagio de mal tiempo, es más evidente y se ve mejor cuando un fino velo de *Cirrostratus nebulosus* avanza por el cielo, con frecuencia en asociación con un frente de tiempo cálido que se aproxima.

En estrecha relación con el halo común está el parhelio o parhelia, del griego *para*, que significa «junto a», y *helios*, que significa Sol. Los parhelios son un par de «falsos soles» o pronunciados puntos brillantes en el cielo, a menudo coloridos, que se encuentran equidistantes a ambos lados del Sol; también se producen en un ángulo de 22 grados y, por tanto, si hay un halo común presente, suelen cruzarse. Están formados por cristales planos alineados horizontalmente que, al descender, revolotean como millones de diminutas tiras de papel o las hojas de los árboles en otoño, pero sin perder su alineación horizontal mientras lo hacen. Cuando aparecen a ambos lados de la Luna, se les conoce como paraselene (del griego «junto a la Luna»).

Pilares solares y arcos circuncenitales

Los pilares solares son haces de luz verticales, que se observan con mayor frecuencia al amanecer o al atardecer, y que se extienden hacia arriba como si emanaran del propio Sol. Una vez más, están formados por cristales de hielo alineados horizontalmente. De vez en cuando, también se pueden ver cuando se mira la puesta de sol durante una fuerte nevada en un cielo fragmentado si copos de nieve de gran tamaño se alinean horizontalmente mientras caen. Si se observan desde un avión, puede verse un pilar solar inferior formado por gotas de agua que se proyectan verticalmente hacia abajo desde el Sol.

Por último, el impresionante arco circuncenital está formado por cristales hexagonales planos y alineados horizontalmente, pero tendrás que estirar mucho el cuello para poder verlo, ya que suele estar justo encima de tu cabeza, en el cénit. Si tienes suerte, podrás ver un arco de colores brillantes, en lo que a veces se describe como una «sonrisa en el cielo» o un «arco iris al revés». Como su propio nombre indica, sólo se producen en el cénit y con una elevación solar inferior a 32 grados.

Todas estas manifestaciones ópticas pueden observarse con bastante frecuencia en las nubes cirriformes, sobre todo en el *Cirrostratus nebulosus*, debido a la composición regular de los cristales de hielo que lo forman. Los parhelios, los pilares solares y el arco circuncenital requieren la presencia de cristales planos alineados horizontalmente, por lo que, cuando uno de ellos está presente, merece la pena echar un buen vistazo al cielo para intentar encontrar los otros dos. Tanto los parhelios como los pilares solares se observan mejor cuando el Sol está bajo en el cielo, sobre todo al amanecer o el atardecer.

12.

12. *Acuarela de paraselene* **junto con varios otros halos, vistos a las 21:30 del 15 de junio de 1911 en el cabo Evans (Antártida) por Edward Wilson**
Aquí, los *paraselenae* se conectan con el halo común de 22 grados a ambos lados de la Luna. También hay un halo de 46 grados. La curva ascendente (conectada al extremo superior del halo común) forma parte de un arco tangencial lateral inferior. También se puede atisbar un pilar lunar (pilar vertical de luz por encima y por debajo de la Luna).

13. *Hampstead Heath, mirando hacia Harrow,* **de John Constable, 1821–1822 (al dorso))**
Como es habitual en los cuadros de Constable, predomina la luz difusa y el Sol se reduce a un disco pálido que apenas brilla a través de una capa de nubes cirriformes de nivel alto (sabemos que la nube debe ser cirriforme y está congelada porque se puede ver un pilar solar directamente debajo del Sol). Algunos grupos de *Altocumulus* a la izquierda del centro también sugieren un próximo deterioro del tiempo.

HALOS DE HIELO POCO COMUNES COMO PRESAGIOS CELESTIALES

14.

Algunos halos de hielo son particularmente raros. Por lo general, estos fenómenos y sus efectos ópticos asociados sólo suelen verse en las estaciones frías en climas polares, continentales o de alta montaña. Debido a las temperaturas mucho más bajas de estas regiones y, por lo tanto, a la mayor incidencia de nubes heladas a todos los niveles, los halos de hielo se observan allí con mayor frecuencia y suelen ser más complejos. Las nubes de hielo pueden producirse incluso a ras de suelo; por ejemplo, el impresionante, centelleante y etéreo fenómeno conocido como «polvo de diamante» es un acontecimiento invernal relativamente habitual en Canadá y algunas partes de Escandinavia. Se produce en una fina niebla helada, en gran parte invisible, en la que cada cristal brilla y destella con una luz mágica. Suele generar una amplia gama de halos asombrosos y otros efectos ópticos surrealistas.

Hay muchos halos de hielo raros, todos con la capacidad de asombrar a quien los observa por su amplia gama de efectos ópticos. Entre ellos se encuentran las «columnas luminosas» (que no son lo mismo que los pilares solares), el «pseudohelio», el círculo parhélico, el halo de 46 grados, los arcos tangentes, los arcos de Parry y muchos otros. Buena parte de ellos son poco frecuentes y, por lo general, incluso los científicos y exploradores polares sólo pueden verlos una vez en la vida.

Las columnas luminosas y el pseudohelio
Las columnas luminosas son el equivalente a los pilares solares (página 183), pero sólo se pueden ver por la noche, cuando la iluminación artificial de ciudades y pueblos parece proyectar coloridos «rayos láser» de luz hacia el cielo. Para poder observarlas, es necesario colocarse a cierta distancia y, como requisito previo, debe haber una fina niebla helada formada por cristales hexagonales o planos alineados horizontalmente. Cuando los cristales de hielo con aspecto de columna se alinean a lo largo de sus ejes horizontales, pueden formarse estos extraños pilares luminosos en forma de trompeta, creando una imagen muy real e inquietante de un foco reflector que se proyecta hacia abajo desde una nave espacial.

Otro halo poco frecuente es el pseudohelio, aunque hoy en día es más fácil verlo gracias a los vuelos modernos, ya que se puede divisar desde un avión si se mira hacia abajo sobre un banco de *Cirrostratus*. Aparece como un punto brillante de luz justo debajo del Sol, con el mismo ángulo por debajo del horizonte que el que tiene el Sol por encima de él, y está causado por el reflejo directo de los rayos solares en las superficies superiores de cristales planos alineados horizontalmente, que actúan de manera muy similar a como lo haría un gran espejo (o miles de millones de pequeños espejos) colocado en esa misma posición.

14. *The Discovery* **por Edward Wilson, publicado en la cubierta del libro** *The Voyage of the Discovery*, **1905**
Un raro halo sobre el que se dibuja la silueta del *Discovery* durante la Primera Expedición Antártica (1901-1904). Entre los halos visibles están el halo común de 22 grados, el halo de 46 grados, parte del círculo parhélico (línea horizontal), parhelios, un raro arco de Parry superior convexo hacia el Sol (por encima del halo de 22 grados) y posiblemente dos arcos infralaterales (a izquierda y derecha del halo de 22 grados).

El círculo parhélico y los arcos de Parry

El círculo parhélico es otro fenómeno de halo inusual que aparece como una línea de luz blanca que se extiende por todo el cielo a la misma altitud que el Sol (o, en casos todavía más raros, la Luna). Puede verse cuando el Sol está bajo en el cielo y es resultado del reflejo de la luz en las caras casi verticales de los cristales de hielo hexagonales que se cruzan con los parhelios (página 182) en el halo común de 22 grados (página 182).

Los arcos de Parry fueron documentados por primera vez en tiempos modernos por sir William Edward Parry en 1820, durante una de las muchas expediciones árticas en busca del paso del Noroeste. Son fenómenos raros y complejos que cambian de forma y posición en relación con el Sol dependiendo de la altitud solar. Requieren una densa nube de cristales de hielo y suelen aparecer en estrecha formación con los denominados arcos tangenciales laterales inferiores. Su presencia exige que los cristales de hielo en forma de columna mantengan tanto sus ejes largos como las caras superior e inferior del prisma en posición horizontal, lo que restringe bastante sus grados de libertad: sólo pueden girar alrededor de un eje vertical.

El futuro escrito en el cielo

A lo largo de la historia y al igual que la aparición repentina de fenómenos astronómicos como cometas o supernovas, los raros y bellos halos celestes en el cielo se han interpretado como presagios o augurios que anunciaban grandes cambios sociales, para bien o para mal. De acuerdo con la creencia popular, justo antes de la batalla del Puente Milvio en el año 312 de la era cristiana, se dice que el emperador Constantino miró al Sol y vio una cruz de luz blasonada con las palabras (en griego) «con este signo, vencerás». Puede que ahora no nos costara identificarlo como una especie de halo solar espectacular, porque tal vez lo fuera. A pesar de todo, Constantino obtuvo una victoria decisiva que cambió el curso de la historia europea y mundial, ya que al año siguiente reconoció oficialmente el cristianismo como religión tolerada en el Imperio romano.

Asimismo, en la batalla de Athelstaneford, en Escocia, en el año 832 d. C., el rey Angus se enfrentó a un ejército de sajones. Al mirar al cielo, vio una cruz blanca, parecida a la cruz de san Andrés. El rey rezó al santo y le prometió que, si ganaba la batalla, convertiría a Andrés en el patrón de Escocia, o al menos eso dice la leyenda. Ni que decir tiene que los escoceses ganaron la batalla y, de esta forma, la *crux decussata* se convirtió en la bandera de Escocia.

15.

15. ***Haloes*** de Edward Wilson, **Expedición Antártica de 1910-1913**
Las nubes congeladas son un requisito previo para los halos. Por lo tanto, fuera de las regiones polares, solo suelen verse en capas de nubes cirriformes altas. Sin embargo, cuando el aire es muy frío y estable, los cristales de hielo pueden permanecer en suspensión sin alterarse. Cuando esto ocurre, pueden observarse halos raros y espectaculares. En estos bocetos y acuarelas, podemos observar el halo común de 22 grados, parhelios, los pilares solares/lunares (líneas verticales), partes del círculo parhélico (línea horizontal), el arco tangente superior e inferior («ala de gaviota»), así como un posible arco de Parry poco frecuente y arcos infralaterales (imagen superior).

Cirrus orográfico

EL *CIRRUS* OROGRÁFICO
Y EL SALTO HIDRÁULICO

Cuando un fluido que se mueve muy deprisa, como el agua, encuentra un obstáculo, el flujo justo por encima y posterior a dicho obstáculo puede verse muy alterado y perturbado. Esto provoca un salto repentino en la altura del fluido, una reducción de la velocidad media del flujo y un aumento significativo de las turbulencias aguas abajo. Vemos esta transición con frecuencia en los ríos, cuando una corriente constante, laminar y quiescente se transforma en un torrente embravecido justo después de pasar por encima de un obstáculo oculto o tras un cambio rápido en su régimen de flujo. Los físicos e ingenieros de fluidos describen el flujo en este punto como «supercrítico» y el aumento repentino de su altura como un «salto hidráulico».

Ocurre lo mismo con la atmósfera, aunque en este caso el fluido es el aire, y el obstáculo, una cadena montañosa. Si, con la altura, la cizalladura del viento es lo bastante fuerte y el perfil de temperatura atmosférica es lo bastante estable, puede formarse un salto hidráulico justo sobre una barrera montañosa o un poco por encima, aunque no sea demasiado alta. En las imágenes vía satélite se suelen ver saltos hidráulicos formándose sobre las pequeñas colinas de Inglaterra e Irlanda. El factor más importante es el perfil vertical de temperatura y velocidad del viento, que, de ser adecuado, permite que las ondas orográficas se propaguen verticalmente hasta la tropopausa y, en ocasiones, incluso más allá de ella, hasta la estratosfera. Un aumento constante de la velocidad del viento y un perfil atmosférico estable, es decir, un descenso reducido de la temperatura con la altura en comparación con lo normal, crean las mejores condiciones para la propagación vertical de las ondas.

Los saltos hidráulicos a nivel de *Cirrus* son relativamente fáciles de identificar tanto desde tierra como desde arriba cuando se ven desde un avión o se observan en imágenes de satélite. Esto se debe a que la repentina elevación del flujo de aire que acompaña al salto hidráulico, que suele ser de muchos miles de kilómetros, provoca un rápido enfriamiento adiabático y la saturación de la masa de aire, lo que da lugar a formaciones nubosas únicas que pueden abarcar los tres niveles de nubes. El salto hidráulico también provoca turbulencias graves; antes de que los especialistas en dinámica de fluidos comprendieran el fenómeno en su totalidad en las décadas de 1960 y 1970, se perdieron muchos aviones y vidas en las turbulencias asociadas a los saltos hidráulicos.

En la tropopausa, el salto hidráulico suele estar marcado por una línea nítida y pronunciada de *Cirrocumulus lenticularis*, más comúnmente conocidos como «*Cirrus* orográficos» por los científicos atmosféricos. Cuando se observa en una animación a cámara rápida, la nube parece alejarse de la cresta montañosa o, incluso, moverse un poco a barlovento de la misma, ya que la onda que se propaga verticalmente se inclina hacia atrás con la altura, pero el punto inicial de

FORMACIÓN DEL *CIRRUS* OROGRÁFICO

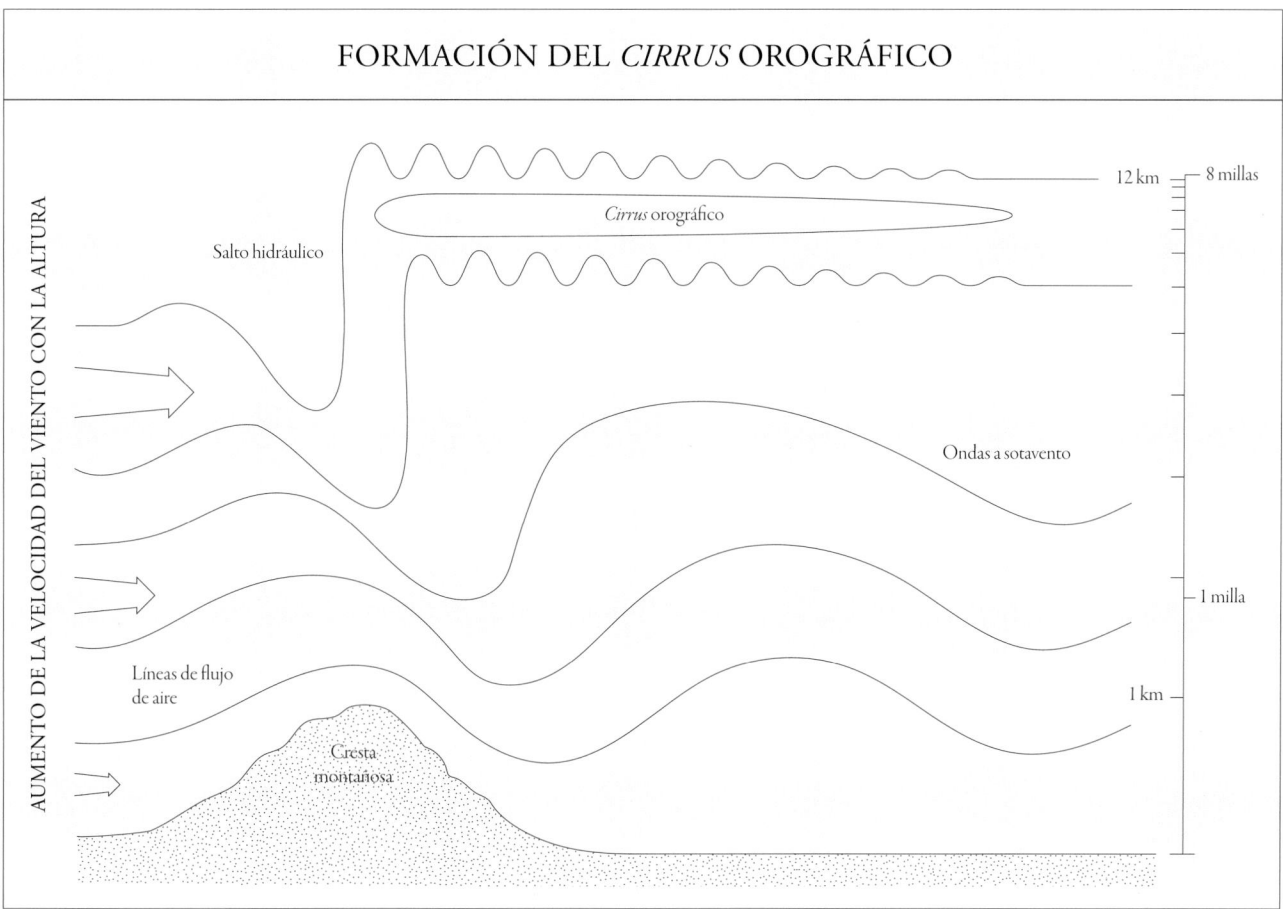

formación permanece geoestacionario. Sin embargo, la nube no sale del pico de la montaña, sino que se forma cerca de la tropopausa, en la cresta del salto de aire, muy por encima de las cimas montañosas más altas. A lo largo de las crestas orientales de las Montañas Rocosas de Norteamérica, sobre todo entre Montana y Alberta, la nube tiene incluso un nombre especial: el arco Chinook.

A diferencia de algunas de las nubes de onda de montaña a sotavento «atrapadas», como el *Altocumulus lenticularis* (página 156), el *Cirrus* orográfico de un salto hidráulico es una nube de onda de montaña «no atrapada». Su energía ondulatoria no está confinada en una sola capa y, por lo tanto, continúa propagándose, disipándose mucho más deprisa que en las ondas atrapadas, por lo que los trenes de ondas largos y regulares asociados a las ondas a sotavento de niveles bajos o medios no suelen producirse con el *Cirrus* orográfico. En cambio, las partículas de la nube, sobre todo si se han congelado, tienden a ser arrastradas corriente abajo, a veces 1600 kilómetros (1000 millas) o más, antes de evaporarse o sublimarse poco a poco.

Esquema del salto hidráulico y la formación del *Cirrus* orográfico
En determinadas circunstancias (aumento de la velocidad del viento con la altura; reducción del descenso de la temperatura con la altura), el flujo de aire que atraviesa una barrera montañosa se vuelve «supercrítico», lo que provoca una subida repentina, o «salto hidráulico», en su nivel, junto con un aumento de las turbulencias aguas abajo. La súbita elevación del flujo de aire, formando una especie de acantilado, provoca un enfriamiento adiabático y la formación del *Cirrus* orográfico.

«Dondequiera que el cielo azul esté decorado con nubes o sembrado de estrellas, dondequiera que haya formas con límites transparentes, dondequiera que haya salidas al espacio celeste, dondequiera que haya peligro, asombro y amor, allí estará la Belleza».

Ralph Waldo Emerson, *El poeta* (1884)

NUBES
RARAS
Y
ÚNICAS

LAS NUBES MADRE

Todos conocemos a personas cuyas tarjetas de visita y perfiles en Internet llevan letras después del nombre que indican títulos universitarios o afiliaciones a determinadas asociaciones. Pues lo mismo ocurre con algunas nubes especiales, conocidas como las nubes «madre», cuyos nombres están adornados con diversos sufijos que nos ayudan a deducir su procedencia.

El *Atlas Internacional de Nubes* de la OMM otorga estos nombres «madre» especiales a los diez principales géneros de nubes cuando es posible determinar su origen. A estas nubes se les asigna un nombre especial de nube «madre» y un sufijo cuando somos capaces de inferir el género de nube o proceso por el que se ha generado (si es así, se añade el nombre del género de nube o proceso anterior, seguido de *-genitus*), o cuando la nube es una nueva mutación o modificación completa a partir de otro género de nube o proceso (en este caso, se añade el nombre del género de nube o proceso anterior, seguido de *-mutatus*).

Evolución y mutación de las nubes

Las nubes siempre están evolucionando y mutando en el cielo. Ya en 1803, Luke Howard reconocía la capacidad innata de las nubes para pasar de un tipo a otro e incluía estas «modificaciones» en su famoso tratado.

Por ejemplo, en las primeras horas de la mañana, en latitudes medias, cuando la troposfera inferior es húmeda e inestable, es frecuente que las nubes *Cumulus* crezcan deprisa y se conviertan en *Stratocumulus*, que después se extienden por el cielo y bloquean la luz solar a media mañana. Esto ocurre porque el desarrollo vertical de las térmicas ascendentes se ve frenado por una inversión a tan sólo unos miles de metros de altura, lo que hace que su parte superior se extienda horizontalmente. En este caso, la nube se describiría como *Stratocumulus cumulogenitus*, es decir, *Stratocumulus* generado a partir de un *Cumulus*. Sin embargo, si no hubiera inversión y las térmicas siguieran ascendiendo hasta niveles medios o altos de la troposfera en un entorno completamente inestable, entonces la gran nube *Cumulonimbus* resultante podría describirse como *Cumulonimbus cumulogenitus*.

Lo mismo ocurre con los diez géneros de nubes, aunque sólo algunas pueden transformarse en otras y, por lo general, se trata de un viaje sólo de ida, sin vuelta atrás.

TABLA DE LAS NUBES MADRE

Géneros (tipo)	-genitus	-mutatus
Cirrus p. ej. *Cirrus homogenitus* (*Cirrus* que se ha formado a partir de una estela de avión)	*Cirrocumulus* *Altocumulus* *Cumulonimbus* *Homo*	*Cirrostratus* *Homo*
Cirrocumulus p. ej. *Cirrocumulus homomutatus* (una estela que se ha transformado por completo en *Cirrocumulus*)		*Cirrus* *Cirrostratus* *Altocumulus* *Homo*
Cirrostratus p. ej. *Cirrostratus cumulonimbogenitus* (*Cirrostratus* que se ha formado a partir del yunque de un *Cumulonimbus*)	*Cirrocumulus* *Cumulonimbus*	*Cirrus* *Cirrocumulus* *Altostratus* *Homo*
Altocumulus p. ej. *Altocumulus altostratomutatus* (*Altocumulus* que ha mutado a partir de un *Altostratus*)	*Cumulus* *Cumulonimbus*	*Cirrocumulus* *Altostratus* *Nimbostratus* *Stratocumulus*
Altostratus p. ej. *Altostratus cumulonimbogenitus* (*Altostratus* formado a partir de un *Cumulonimbus*)	*Altocumulus* *Cumulonimbus*	*Cirrostratus* *Nimbostratus*
Nimbostratus p. ej. *Nimbostratus cumulonimbogenitus* (*Nimbostratus* a partir de un *Cumulonimbus*)	*Cumulus* *Cumulonimbus*	*Altocumulus* *Altostratus* *Stratocumulus*
Stratocumulus p. ej. *Stratocumulus nimbostratomutatus* (*Nimbostratus* que ha mutado por completo en *Stratocumulus*)	*Altostratus* *Nimbostratus* *Cumulus* *Cumulonimbus*	*Altocumulus* *Nimbostratus* *Stratus*
Stratus p. ej. *Stratus fractus silvagenitus* (voluta rota que se forma sobre un bosque debido a la gran humedad cerca de las copas de los árboles)	*Nimbostratus* *Cumulus* *Cumulonimbus* *Homo* *Silva* *Cataracta*	*Stratocumulus*
Cumulus p. ej. *Cumulus cataractagenitus* (cuando el rocío de una cascada forma una nube, en este caso un *Cumulus*)	*Altocumulus* *Stratocumulus* *Flamma* *Homo* *Cataracta*	*Stratocumulus* *Stratus*
Cumulonimbus p. ej. *Cumulonimbus flammagenitus* (*Cumulonimbus* formado como resultado de la convección iniciada por un incendio forestal o una erupción volcánica. También conocido coloquialmente como «pirocúmulo» o «pirocumulonimbo»)	*Altocumulus* *Altostratus* *Nimbostratus* *Stratocumulus* *Cumulus* *Flamma* *Homo*	*Cumulus*

Homogenitus
hogen

Homomutatus
homut

Flammagenitus
flgen

Silvagenitus
sigen

Cataractagenitus
cagen

CINCO NUBES MADRE ESPECIALES

La OMM no aceptó cinco nubes madre particularmente especiales como nubes legítimas hasta 2017 (cuando se publicó la edición en línea más reciente del *Atlas Internacional de Nubes*). Cada una de estas nubes es única porque crece y se desarrolla como consecuencia de factores «madre» naturales o humanos específicos, que suelen ser muy locales.

Homogenitus
Cualquier nube que deba su origen directamente a la actividad humana recibe el apéndice *homogenitus*, por ejemplo, una estela de condensación de avión recién formada o *Cirrus radiatus homogenitus*. Del mismo modo, las nubes *Cumulus* que se forman sobre el penacho industrial caliente de una central eléctrica se denominan *Cumulus homogenitus*.

Homomutatus
Cualquier nube que se haya transformado o mutado por completo a partir de una nube madre anterior de origen antropogénico recibe el sufijo *homomutatus*. Las estelas de condensación de los aviones que crecen y se extienden por el cielo hasta convertirse en *Cirrostratus* se denominarían *Cirrostratus homomutatus*.

Flammagenitus
Los incendios forestales, ya sean de origen natural o humano, o incluso un volcán en erupción pueden iniciar una poderosa convección, lo que da lugar a un *Cumulus* acastillado o *Cumulonimbus*. Cuando esto ocurre, reciben el nombre adicional de *flammagenitus*. Las corrientes convectivas ascendentes de la *flammagenitus* pueden ser extremadamente violentas, y causar potentes sistemas tormentosos y extraordinarias tormentas eléctricas. Las nubes *flammagenitus* también suelen denominarse «pirocúmulos» o «pirocumulonimbos».

Silvagenitus
Si vives cerca de un bosque, sobre todo de coníferas, es posible que de vez en cuando observes la formación de volutas de nubes fragmentadas (*Stratus fractus*) sobre las copas de los árboles, en especial después de un fuerte chubasco o periodo lluvioso. Estas singulares volutas se deben a la elevada humedad a nivel de las copas debido al aumento de la evaporación y la evapotranspiración de las hojas húmedas y las agujas de las coníferas, y reciben la clasificación madre adicional de *silvagenitus*.

Cataractagenitus
Cuando el viento disgrega el rocío de las grandes cascadas para formar una nube *Cumulus* o *Stratus* local, dicha nube recibe el nombre adicional *cataractagenitus*. En las proximidades de las cataratas del Niágara suele haber un *Cumulus cataractagenitus*.

1.

2.

3.

1. ***Cascada superior del Reichenbach: arcoíris,* de J. M. W. Turner, 1810**
La cascada de Reinbach, en Suiza, con una caída de más de 250 metros (800 pies), es probable que produzca importantes cantidades de rocío. Si una nube de esta agua ascendiera, se clasificaría como *Cumulus cataractagenitus*. Cuando Turner pintó la escena, debía de ser última hora de la mañana, o bien finales de primavera, principio de verano, ya que el arcoíris apenas sobrepasa el horizonte.

2. ***Vista general de las cataratas del Niágara,* de Alvan Fisher, 1820**
Dependiendo de la época del año y de la descarga de agua sobre las cataratas, suele desarrollarse una nube *Cumulus* o *Stratus cataractagenitus* en las proximidades de las cataratas del Niágara. El mejor momento para verlo es durante el intenso frío invernal, cuando el aire helado es incapaz de retener más vapor de agua.

3. ***Murton Colliery,* de John Wilson Carmichael, 1843**
La nube *Cumulus homogenitus* fue representada por primera vez por artistas como Carmichael. En este caso, la aportación a la atmósfera tanto de aerosoles (partículas y gases contaminantes) como de vapor de agua procedente de las chimeneas puede que sea la causa del crecimiento de las nubes *Cumulus* que se observan en lo alto, aunque también se pueden ver otras nubes en las proximidades.

4. ***Cotopaxi,* de Frederic Edwin Church, 1862 (al dorso)**
El viento sopla a favor de una columna de erupción relativamente pequeña, y la ceniza y el humo se depositan deprisa en el suelo. Por lo tanto, la pequeña nube generada es un *Cumulus flammagenitus*. En cambio, las erupciones volcánicas, mucho más grandes y altamente explosivas, pueden alcanzar hasta bien entrada la estratosfera. En estas ocasiones, y debido al calor extremo liberado, las nubes «pirocumulonimbos» resultantes pueden convertirse en enormes tormentas de extraordinaria violencia, con una actividad eléctrica frenética, granizo de gran tamaño y vientos destructivos.

4.

Asperitas
asp

Fluctus
flu

Volutus
vol

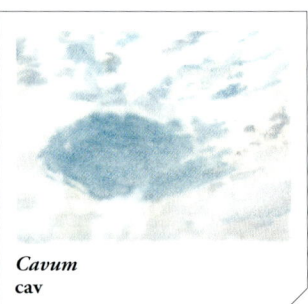

Cavum
cav

OTRAS CUATRO NUBES NUEVAS

Además de estas cinco nuevas nubes madre (página 22), la OMM ha incluido en su última edición del *Atlas Internacional de Nubes* siete nuevas nubes especiales: una nueva especie (*volutus*), cinco nuevos rasgos suplementarios (*asperitas*, *fluctus*, *cavum*, *cauda* y *murus*) y una nueva nube accesoria (*flumen*). A continuación, analizaremos las cuatro primeras nubes especiales.

Asperitas

Las *asperitas*, con sus pronunciados rasgos ondulados en la parte inferior, fueron por fin reconocidas como rasgo suplementario único en el *Atlas Internacional de Nubes* de 2017. Suelen formarse cerca de la región de la corriente de salida de los frentes activos o las tormentas violentas y, en ocasiones, se dice que la característica parte inferior caótica de las *asperitas* parece «el interior de la boca de una ballena» o que, desde abajo, se ve una superficie de agua áspera. *Asperitas* se distingue de la variedad *undulatus* por su carácter caótico; cuando se observa mediante fotografías a cámara rápida, las ondas oscilan hacia arriba y hacia abajo, y atraviesan la nube, a diferencia de *undulatus* (cuyas ondas se mueven con la nube) o *lenticularis* (cuyas ondas son geoestacionarias).

Fluctus

Una vez más, a diferencia de la especie *lenticularis* o la variedad *undulatus*, que tienen una vida larga y están asociadas a flujos de aire estables y laminares, *fluctus* hace referencia a un tipo particular de onda breve, transitoria e inestable, conocida en física como onda de Kelvin-Helmholtz. Su vida es breve (sólo duran un par de minutos) y se forman como crestas de ondas rizadas en la superficie superior de una capa de nubes que puede desplomarse y romperse, igual que las olas del mar. Están causadas por fuertes vientos que soplan cerca de la superficie superior de la capa nubosa, que amplifican cualquier pequeña perturbación y la convierten en una onda más grande antes de hacerla volcar. Si ves una, intenta disfrutarlo mientras dure, porque, para cuando cojas el móvil o la cámara, lo más probable es que se haya disipado y te lo hayas perdido.

Volutus

En apariencia, *volutus* es similar al rasgo suplementario *Arcus* (página 202); sin embargo, se trata de un «solitón» (onda solitaria) que,

5.

a diferencia de *Arcus*, no está unido a otras nubes, por lo que se designa como una especie separada. La *volutus* se ve en raras ocasiones y sólo se encuentra en determinadas partes del mundo durante la estación húmeda, como la nube «esplendor de la mañana» que se da cerca del golfo de Carpentaria, en el noreste de Australia.

Cavum

Cavum no es para nada una nube, sino un agujero en una nube superenfriada que se produce cuando la atraviesa un avión (las gotas de nube tienen una temperatura muy por debajo de la de congelación, pero permanecen en estado líquido; véase la página 68). Las partículas de escape del avión siembran la nube de diminutos núcleos de hielo que propician que la nube se congele. Una vez formados los cristales de hielo, se inicia una reacción en cadena que permite que dichos cristales crezcan a expensas de las gotas de agua, debido al proceso Wegener-Bergeron-Findeisen (página 69). Poco después, transcurridos unos diez o veinte minutos, los cristales de hielo habrán crecido lo suficiente como para caer en forma de copos de nieve, dejando un agujero en la nube (*cavum*) por encima y un rastro de precipitación helada (*virga*) debajo del agujero.

El *cavum* suele tener forma concéntrica, pero, si el avión vuela a una altitud constante al atravesar una capa continua de nubes, puede dejar un hueco alargado o elongado sin nube, fenómeno conocido coloquialmente como «estela de disipación» (lo contrario de una estela de condensación).

5. ***Orilla del mar a la luz de la luna*, de Caspar David Friedrich, 1835**
Una de las raras capturas de una *asperitas* en un lienzo, tanto más teniendo en cuenta que es casi dos siglos anterior a su aceptación por la OMM del *volutus* como rasgo oficial. En la actualidad, gracias a la fotografía a cámara rápida, es más fácil ver cómo la *asperitas* oscila y se ondula sin parar.

6. **Campo de trigo con cipreses, de Vincent van Gogh, 1889**

Con aspectos de *asperitas*, *mamma* y *fluctus* (todas nubes sin nombre ni clasificación en 1889), es casi como si Van Gogh pudiera «ver» el viento y todos sus turbulentos movimientos. En esencia, eso es la *asperitas*: un mar agitado de olas, remolinos y espirales por todo el cielo. Incluso el trigo y los cipreses se balancean al ritmo del viento, como si saludaran. En conjunto, es la captura definitiva, una metáfora natural perfecta del estado de salud de van Gogh en ese momento.

Arcus
arc

NUBES DE TORMENTA ÚNICAS: *ARCUS*

La dramática nube que nace del poderoso *Cumulonimbus* se denomina *arcus* ('arco' en latín). Se produce en lo que se conoce como «frente de racha», que surge y se extiende desde la base de una fuerte tormenta. El *arcus* puede desencadenar fenómenos meteorológicos capaces de causar daños generalizados e incluso la muerte, aunque en la mayoría de los casos el clima asociado no es tan severo ni tan violento como el de un tornado.

Cuando se acaba de formar a partir de una violenta tormenta que se desarrolla deprisa, la dramática llegada del *arcus* es casi digna de una película de Hollywood. Todo sucede en pocos minutos: el cielo empieza a oscurecerse y se oyen truenos en la lejanía. De repente, un arco de nubes especialmente turbulento y de nivel bajo surca el cielo, acompañado de violentas rachas de viento, haciendo que la gente corra a refugiarse. En cuestión de segundos, la temperatura del aire se desploma 10 °C o más, y la lluvia torrencial y, en ocasiones, grandes granizadas caen en proporciones bíblicas, acompañadas de frecuentes relámpagos y truenos ensordecedores. El viento puede seguir intensificándose, derribando ramas o árboles enteros y haciendo volar otros escombros por los aires.

¿Qué causa el frente de racha y el *arcus*?

El *arcus* lo forma el aire frío y denso que sale de las corrientes descendentes de precipitación cerca de la base de un *Cumulonimbus*; debido a las grandes cantidades de precipitaciones que se evaporan durante su descenso a la Tierra, el aire se enfría y, como resultado, se hace más denso y pesado que el aire circundante, por lo que la flotabilidad negativa lo obliga a descender. Esto se debe a que el proceso de evaporación consume una gran cantidad de energía, proporcionada por el propio aire (página 51). Cuando esto ocurre, sólo las gotas de lluvia y granizo más grandes llegan a la superficie, arrastrando consigo el aire frío.

Cuando la bolsa de aire frío toca el suelo, en lo que los meteorólogos denominan un «microrreventón», se extiende, más o menos radialmente, a partir de la base de la tormenta en forma de corriente de densidad. El arco del *arcus* se forma en el aire húmedo del borde de ataque de esa bolsa concéntrica de aire frío que se desplaza hacia el exterior desde el centro de la tormenta, ayudado por el ligero movimiento ascendente del borde de ataque de la corriente de densidad que «se mete» bajo el aire más cálido que rodea la tormenta, elevándolo y

7.

empujándolo un poco hacia arriba. Del mismo modo, la corriente de salida de aire frío de las grandes tormentas *Cumulonimbus* suele crear nuevos casos de convección lo que permite al sistema tormentoso propagarse hacia delante y no dejar de rejuvenecer al mismo tiempo.

En el caos creado por la llegada de un frente de racha potente sobre zonas urbanas y pobladas, el movimiento ascendente de su borde de ataque puede elevar por los aires muebles de exterior, adornos de jardín, carpas e incluso marquesinas, que es una de las razones por las que los impactos de un frente de racha fuerte pueden confundirse con un minitornado. En este caso, por lo general, los vientos son «en línea recta», pero siguen siendo lo bastante potentes como para derribar árboles enteros, e interrumpir y arrasar la mayoría de las actividades al aire libre. Todos los años, cientos de personas resultan heridas o mueren por la caída de árboles y escombros voladores causada por la llegada repentina de los fuertes frentes de racha asociados al *arcus*.

La luz verde

La próxima vez que el *arcus* se cruce en tu camino, merece la pena fijarse en el inquietante tono verde oscuro que emana de debajo del arco emergente, que se hace visible durante unos instantes justo antes de que llegue el frente de racha. La leyenda dice que, si lo ves, está a punto de golpear un tornado o una gran tormenta de granizo. Por suerte, no existen pruebas científicas de semejante relación; el color verde oscuro se atribuye más bien a la combinación de nubes profundas que contienen un gran volumen de precipitaciones y una alineación particular de los rayos de sol que hace que se cree ese tono verdoso tan característico.

El *arcus*, cuando se manifiesta, es justo lo que su nombre sugiere: una nube en forma de arco, oscura, dramática, amenazante, sobrecogedora y de rápido movimiento, y es el propio arco un efecto tanto de la perspectiva como de la curvatura radial de la nube. Aunque su frente de racha asociado suele ser molesto y, en ocasiones, letal, no es tan mortífero como un tornado, aunque sí mucho más frecuente.

Murus
mur

NO CONFUNDIR CON...

Una pared de nubes no es lo mismo que esa cortina de nubes de una turbonada inminente que se aproxima deprisa y que a veces parece un muro de nubes que entra a toda velocidad, sino que se trata de un denso manto de *virga* provocado por precipitaciones intensas, en ocasiones acompañado de un *arcus* (página 202). Las turbonadas también pueden producir un tiempo violento similar al de las supercélulas, pero los vientos suelen ser de tipo rectilíneo, en vez de tornádicos.

Tampoco hay que confundir el *murus* con el ojo de un huracán, que es un fenómeno meteorológico completamente distinto, pero todavía más destructivo. A primera vista, las nubes de foehn en cascada (un tipo de nube en capuchón de montaña *lenticularis*) también pueden parecer una pared de nubes estacionarias, pero en realidad son un indicador de un entorno atmosférico estable, lo opuesto a un *Cumulonimbus*.

MURUS

Murus, *cauda* y *flumen* son nubes raras asociadas únicamente a un tipo determinado de *Cumulonimbus* maduro, severo y potente conocido como tormenta «multicelular» o supercélula. Suelen restringirse a ciertas latitudes y épocas del año, más concretamente a las zonas continentales en la estación cálida y, en particular, a Norteamérica.

Cómo se desarrolla un *murus*

Los cazatormentas suelen referirse al *murus* como «pared de nubes», de ahí su nombre, que significa «muro» en latín. Se trata de un descenso prominente, amenazante y persistente de la base de un *Cumulonimbus* (página 98), justo debajo del centro de una intensa tormenta multicelular o supercélula.

Las paredes de nubes se forman directamente debajo de las corrientes ascendentes más fuertes de la tormenta, por lo que la zona suele quedar libre de lluvia o granizo; las precipitaciones caen en otra parte, lejos de la corriente ascendente de la tormenta debido a los fuertes vientos en los niveles medio y superior del *Cumulonimbus*. La rotación del *murus*, mayoritariamente en sentido contrario a las agujas del reloj en el hemisferio norte (y a la inversa en el hemisferio sur), es común en las tormentas más intensas y, con frecuencia, precursora de los tornados (página 208).

Debido al hecho de que suele formarse en la parte más baja de la estructura de una tormenta, si quieres observar un *murus*, tu vista de la tormenta no debe estar obstruida por la topografía, árboles ni edificios cercanos; esa es una de las razones por las que las Grandes Llanuras o praderas de América del Norte son buenos lugares para verlos.

El descenso de las nubes se debe a la convergencia de aire bajo el centro de la tormenta. A ello contribuye la reducción de la presión atmosférica bajo la corriente cálida ascendente (que atrae al aire convergente) y el aumento de la humedad atmosférica en las proximidades de la tormenta, debido tanto a la entrada de humedad como a la evaporación de las precipitaciones que caen en las cercanías. *Cauda* y *flumen* también son nubes de entrada de tormenta, con forma de cola de castor.

El *murus* puede persistir como un elemento identificable debajo de un gran *Cumulonimbus* durante 10 minutos o más antes de descomponerse en parches irregulares de *pannus* (fractostratos) o de volver a convertirse en otra pared de nubes en las proximidades. En raras ocasiones, el *murus* puede descender todavía más de repente y formar una nube en forma de embudo (*tuba*, página 206), o un tornado si toca tierra.

LA NUBE DE LA CEJA:
SUPERCILIUM

Supercilium

¿Alguna vez has observado con asombro una formación nubosa de nivel medio o alto, quizás arqueando una ceja en señal de sorpresa? Pues bien, si lo que te ha llamado la atención es una bonita *supercilium*, puede que la propia nube te esté devolviendo la mirada con una ceja arqueada, ya que es conocida por la fraternidad de observadores de nubes como «la nube de la ceja», como guiño al hecho de que *supercilium* sea 'ceja' en latín.

Esta nube, bastante esquiva, aparece con una frecuencia temporal equivalente a la del *fluctus* (página 198) y por poco tiempo como una nube muy fina, difusa, irregularmente distribuida y ondulada, y sólo se encuentra en flujos de aire turbulentos sobre picos de montaña escarpados o dentados, por lo general coincidiendo con fuertes vientos a nivel de montaña. A diferencia de la forma de lente suave de la *lenticularis*, especie de montaña más común que presenta un perfil aerodinámico y laminar, la corriente de aire que atraviesa la *supercilium* parece arremolinarse y romperse de manera turbulenta a varias escalas, al mismo tiempo que la cruza y arrastra hacia adelante. Sin embargo, al igual que la *lenticularis*, la nube a veces produce iridiscencia, lo que significa que sus gotas probablemente también son diminutas, pero de tamaño regular.

La *supercilium* también comparte algunos atributos con las variedades de nubes *undulatus*, *duplicatus*, *lacunosus* y *fluctus*, pero carece de cualquiera de sus regularidades geométricas. Por ejemplo, al igual que en el caso de la *pile d'assiettes* (página 198), puede estar formada por varias capas discretas, apiladas verticalmente unas sobre otras, pero, a diferencia de la *pile d'assiettes*, se rompen o dan vueltas de forma turbulenta, casi a microescala.

En el momento de escribir estas líneas, la *supercilium* no figura como nube oficial en el *Atlas Internacional de Nubes* de la OMM. Sin embargo, las redes mundiales de observación de nubes no dejan de recopilar y reunir pruebas de su existencia.

La *supercilium* suele aparecer con mayor frecuencia a nivel de *Altocumulus*, pero también ha podido verse junto a *Cirrocumulus* y *Stratocumulus*.

Tuba
tub

TUBA

Tuba es el nombre suplementario oficial de la manifestación visible de una nube en forma de embudo o de un tornado, aunque, en este último caso, sólo si el vórtice alcanza la superficie terrestre. Una *tuba* debe estar conectada a la base de un *Cumulonimbus* (o, en raras ocasiones, un *Cumulus congestus*); eso significa que los remolinos de polvo menores o cualquiera de sus parientes cercanos como los minitorbellinos, los «remolinos de heno» y los «remolinos de nieve» que pueden producirse los días de buen tiempo, no son ni tornados ni *tuba*.

Los tornados son un asunto serio, pero la mayoría de *tuba* son débiles y de corta duración. Los grandes tornados no vienen directos a por ti, como suelen pintarlos en las películas. De hecho, los entusiastas del clima extremo los persiguen deliberadamente en su búsqueda de la emoción de los encuentros más cercanos.

Una gran *tuba* suele evolucionar a partir de los fractostratos (*pannus*) muy bajos e irregulares que a veces se encuentran en las proximidades de una pared de nubes de tormenta (*murus*; página 204) cuando la fuerte rotación que ya existe alrededor de dicha nube se concentra en una única columna de aire que gira. En esta fase, la *tuba* recién formada suele adoptar la forma de un cono o embudo pronunciado y orientado verticalmente; esta etapa inicial del desarrollo puede producirse en cuestión de entre unos cuantos segundos y unos minutos. En las tormentas más intensas, este cono puede descender por completo hasta la superficie terrestre, para luego ensancharse y extenderse por el suelo hasta alcanzar los 6 kilómetros de ancho, formando lo que se denomina un «tornado en cuña», el más peligroso y duradero de todos. Sin embargo, lo más habitual es que, tras tocar tierra, el vórtice de un tornado maduro empiece a inclinarse, estirarse y alargarse antes de retorcerse y contorsionarse en el cielo como una serpiente o una cuerda floja. Una vez que esto ocurre, indica que la fase más grave del tornado ya ha pasado (aunque todavía puede ser peligroso) y que es posible que se disipe en algún momento dentro de los próximos minutos.

Tornados peligrosos

Por *tuba* se entiende sólo la parte nubosa de un embudo o un tornado, la zona saturada y que se ha condensado en una nube. En una masa de aire húmedo, esto ocurre alrededor del embudo de un tornado debido a la menor presión del aire dentro del vórtice; esta baja presión se produce por la expansión del aire, lo que provoca enfriamiento y esto, a su vez, causa condensación. En entornos más secos, por ejemplo, en tormentas del desierto donde las nubes de tormenta *Cumulonimbus* tienen bases altas, los tornados que tocan tierra sólo pueden verse gracias a la nube de polvo y escombros superficiales que generan a ras de suelo. En estos casos, sólo puede identificarse una *tuba* muy pequeña cerca de la base de la nube y la mayor parte del tornado se produce en aire prácticamente despejado. Estos tornados pueden seguir siendo extremadamente peligrosos, sobre todo porque son, en buena parte, invisibles.

8. ***Tornado sobre San Pablo,*** **de Julius Holm, 1893**
Al parecer, Holm pintó esta escena a partir de una fotografía antigua reproducida en una tarjeta conmemorativa del mortífero tornado del 13 de julio de 1890. Desde esta posición elevada, podemos ver con claridad la base turbulenta del *Cumulonimbus* (nube oscura, arriba), la pared de nubes baja (*murus*, tono más claro, centro) con el tornado (*tuba*) sobresaliendo de su base. El tornado mató a seis personas.

8.

En Estados Unidos, los tornados matan a una media de 75 personas al año, pero esta cifra varía de un año a otro. Por ejemplo, un solo tornado, el tristemente célebre «tornado triestatal» del 18 de marzo de 1925, mató a 695 personas, pero en 1910, sin embargo, el recuento anual de muertes en todo el país fue de 12. Más recientemente, en 2011, se produjo un repentino repunte en las estadísticas de fallecimientos, con cifras que alcanzaron los 553. En general, sin embargo, en el siglo XX se produjo una clara tendencia a la baja en el número de muertes causadas por tornados en Estados Unidos, del orden de alrededor del 50 por ciento. Esto no se debe a un menor número de tormentas, sino más bien a la mejora de las previsiones meteorológicas, el aumento de la resiliencia social y una mayor concienciación pública sobre qué hacer (y qué no hacer) en caso de que se aproxime un tornado. El número anual de víctimas mortales de los tornados en Estados Unidos es sólo una pequeña fracción del total de muertes que se producen cada año en todo el mundo como consecuencia de las inclemencias meteorológicas (unas 20 000).

La terminología que rodea a los tornados difiere de un lugar a otro, además de cambiar a lo largo del tiempo. El uso de los términos «tempestad» y «torbellino» se ha reducido drásticamente desde finales del siglo XIX; hoy en día, un torbellino sólo hace referencia a un incómodo, pero difícilmente mortal, remolino de polvo o molestia similar. Sobre el agua, los tornados de intensidad débil a moderada se denominan «trombas o mangas marinas», mientras que en tierra se llaman «trombas terrestres», aunque el uso de estos dos términos es errático en el tiempo y el espacio.

Nubes nacaradas

HERALDOS DE LA FATALIDAD: NUBES NACARADAS

También conocidas como «nubes madreperla» o «nubes estratosféricas polares», las nubes nacaradas no son un tipo de nube normal y corriente. Sólo se pueden ver en el Ártico, el Antártico o en latitudes altas, y se forman en la estratosfera, capa atmosférica que se sitúa por encima de la troposfera, donde se encuentran todas las nubes que producen el clima cotidiano.

En la estratosfera, a una altitud de entre 20 y 40 kilómetros (12 y 25 millas), las condiciones son bastante alienígenas; el aire es extremadamente tenue y fino, con presiones que oscilan entre una quinta y una centésima parte de su valor a nivel del mar. Esto, junto con las cantidades relativamente altas de ozono (que es venenoso para los seres humanos si se inhala), las temperaturas extremadamente bajas del aire y las condiciones muy secas, la convierten en un lugar no apto para la vida humana. Sin embargo, son estas condiciones extremas las que permiten la formación de las nubes nacaradas, que son sorprendentemente bellas y extraordinarias en muchos sentidos.

Cómo se forman las nubes nacaradas

El llamativo aspecto perlado de las nubes nacaradas requiere una temperatura del aire de, al menos, -78 °C (-108 °F) para su formación. Por lo general, estas temperaturas tan bajas sólo se dan sobre la Antártida y, en menor medida, sobre el Ártico, y únicamente durante sus respectivos inviernos. Pero muy de vez en cuando, durante el invierno boreal, cuando el vórtice polar estratosférico se desplaza ligeramente de su centro, el aire frío de la estratosfera puede filtrarse hacia latitudes más bajas desde el Ártico.

Cuando esto ocurre y va unido a una pronunciada actividad de las ondas de montaña (página 156), pueden verse nubes nacaradas en las frías crestas de las ondas atmosféricas a sotavento de las montañas de Alaska, Canadá y Escandinavia. En raras ocasiones también pueden verse sobre las colinas y montañas más pequeñas de Escocia, Irlanda y el norte de Inglaterra.

9. ***El grito**, de Edvard Munch,* **1893**
Al parecer, Munch salió a dar un paseo tras la puesta de sol y vio «cómo las nubes se teñían de rojo sangre» (fase final de la coloración de las nubes nacaradas, justo antes de que se eclipsen). Una serie de artículos recientes de la revista *Weather*, publicada por la Royal Meteorological Society, sostienen que el cuadro, que se exhibió por primera como *El grito de la naturaleza*, es una reacción emocional al avistamiento de nubes nacaradas, cuyas ondas y tonalidades se retratan de forma impresionista en el fondo (arriba).

Nube en capuchón de montaña

Nube bandera

Muro de foehn

ALGUNAS NUBES OROGRÁFICAS ESPECIALES

Existen otras nubes «orográficas» especiales que son mucho más raras que las *lenticularis*. Esto se debe a que permanecen estrechamente ancladas a un pico montañoso individual y no migran demasiado hacia abajo.

Nube en capuchón de montaña

Cuando una nube lenticular lisa y estable se forma directamente sobre las laderas o el pico de una montaña, envolviéndola en una «falda» de nubes, a veces con el pico emergiendo por encima, se conoce coloquialmente como «nube en capuchón de montaña». El mejor lugar para avistarlas son las cumbres aisladas de las montañas, como los volcanes, durante los periodos de tiempo húmedo y estable.

Nube bandera

Cuando hay fuertes vientos en la cima de una montaña, se puede formar una nube bandera justo a sotavento de un pico de montaña empinado y piramidal. Aparece en forma de volutas o de un penacho de nubes irregulares (*Stratus* o *Cumulus fractus*) que parecen alejarse de la cumbre, antes de disiparse a poca distancia a sotavento y volver a formarse cerca de la cima. Se cree que su formación responde a una ligera corriente que sube por la ladera de sotavento de la cima de la montaña, que enfría y satura el aire ascendente, inducida por los vientos más fuertes que soplan alrededor y sobre la ladera de barlovento. Al igual que la *lenticularis*, la nube bandera es geoestacionaria. Cuando hace buen tiempo, es habitual verla a sotavento del Cervino, en Suiza.

El muro de foehn

El foehn es un viento cálido y potente que desciende por la ladera norte de los Alpes cuando sopla aire del sur, o por la ladera sur cuando sopla del norte. La nube en sí, que puede formarse en el borde de cualquier cordillera con las condiciones meteorológicas adecuadas, es espectacular y parece una pared lisa de nubes que se posa sobre las cumbres, con ocasionales filamentos que descienden por la ladera. Indica una atmósfera cálida y estable, y es probable que las condiciones sigan siendo buenas y secas en el lugar de observación, aunque con riesgo de vientos fuertes. El «mantel» de la montaña de la Mesa, en Ciudad del Cabo (Sudáfrica), es un conocido muro de foehn.

10.

10. ***Norsk fjordlandskap
med regnbue,*** **de Andreas
Achenbach, 1839**
Las montañas crean nubes, a
veces en exceso, y en entornos
marítimos expuestos donde las
colinas se elevan abruptamente
desde la costa, como es el caso
aquí, en el oeste de Noruega,
donde el tiempo nublado y
lluvioso es la norma. Las masas
de aire que llegan del otro lado
del océano impulsadas por fuertes
vientos del oeste o suroeste suelen
estar cargadas de humedad. Tan
pronto como el aire incide en
los primeros picos costeros, se ve
obligado a ascender, lo que hace
que forme nubes, libere calor
latente y, no mucho después,
genere enormes cantidades de
precipitaciones.

11. *Muy, muy lejos, el palacio de Soria Moria brillaba como el oro*, de Theodor Kittelsen, 1900
El castillo de Soria Moria es un popular cuento de hadas noruego, pero Kittelsen se atiene en gran medida al idealismo meteorológico en su representación de las nubes que rodean esta lejana tierra de fantasía; la escena no es muy diferente de la que podríamos presenciar hoy en día desde un avión que vuela entre dos mantos de nubes. La capa nubosa más baja es una mezcla de *Stratus* orográfico y *Stratocumulus lenticularis* que imita los contornos de las colinas sobre las que fluye. El manto nuboso superior (también estratiforme) es algo menos realista; cabría esperar ver en su lugar una capa algo más moteada de *Altocumulus*.

NUBES NOCTURNAS: NOCTILUCENTES

Nubes noctilucentes

Las nubes noctilucentes, o «nubes brillantes nocturnas», son las más altas de la atmósfera y tienen un aspecto distintivo, brillante, blanco plateado o azul eléctrico. Se forman en la mesosfera, a una altitud de entre 80 y 90 kilómetros (50-55 millas), donde la presión atmosférica es una centésima parte de la existente a nivel del mar y la temperatura del aire es inferior a -120 °C (-184 °F). Las vemos desde las latitudes medias en las noches despejadas durante los meses de principios a mediados del verano de cada hemisferio, cerca del horizonte que apunta al polo.

¿Por qué brillan por la noche? En esos momentos, el Sol se encuentra tan sólo unos cuantos grados por debajo del horizonte y, debido a su extrema altitud, las nubes se iluminan, en marcado contraste con la oscuridad del cielo en tierra, lo que proporciona unas condiciones de observación ideales.

Aunque quizá no sean tan sobrecogedoras y etéreas como las nubes nacaradas, no dejan de ser un espectáculo digno de contemplar. Cuando se observan mediante cámara rápida, se revelan como una serie de hilitos ondulados tenues o muy delgados, o «cejas», que se mueven con un vaivén ondulante que recuerda a las olas rompiendo en la costa, con una forma general no muy diferente a la del *Cirrocumulus undulatus* o *lacunosus*, o incluso al *supercilium* (página 205).

De otro mundo

Las nubes noctilucentes están formadas por miles de millones de pequeños cristales de hielo. Se cree que su magnífico color azul se debe a la absorción de la luz que las ilumina por parte del ozono.

Las nubes noctilucentes se sitúan muy por encima de las nubes que producen nuestro clima, que se encuentran casi todas en la troposfera, por debajo de los 15 kilómetros (9 millas) de altitud; por lo tanto, es poco probable que el vapor de agua o los núcleos de las nubes puedan ascender, sin ser detectados, desde la troposfera hasta la mesosfera para formar estas nubes. De hecho, datos recientes de la NASA indican que las nubes se forman sobre partículas diminutas de meteoritos o polvo cósmico, procedentes del sistema solar o de más allá. ¡Son realmente de otro mundo!

¿Otro presagio?

Las nubes noctilucentes solo se forman durante los meses de verano, cuando la mesosfera está más fría. En un principio, este hecho pue-

12.

de parecer contrario a toda lógica, pero resulta más evidente cuando tenemos en cuenta que la troposfera, se calienta en verano, lo que provoca su expansión. Este fenómeno hace que las capas situadas por encima de ella, incluida la mesosfera, «se eleven» un poco, enfriándolas adiabáticamente (página 48), lo que a su vez permite superar el umbral de baja temperatura necesario para su formación.

Esto podría explicar por qué los informes sobre nubes noctilucentes son cada vez más frecuentes. No se tiene constancia de su existencia hasta finales del siglo XIX, mientras que, en los últimos años, se han registrado apariciones más extensas que nunca.

Parece que la expansión de la troposfera, más caliente a escala mundial, y la consiguiente «elevación» de la estratosfera y la mesosfera por encima de ella, pueden ser los responsables del aumento de los avistamientos. Por lo tanto, las nubes noctilucentes también pueden ser otro hermoso, pero igualmente terrible presagio del futuro (página 208).

*12. **La noche estrellada,** de Vincent van Gogh, 1889*
Existe un ritmo conocido de producción y disipación de remolinos en el aire conocido como «cascada turbulenta» y fue descubierto por el científico ruso Andréi Kolmogórov en 1941. En una investigación reciente sobre el tamaño de los remolinos representados en *La noche estrellada,* se reveló que coinciden casi a la perfección con el patrón predicho por Kolmogórov. Así que parece que Van Gogh sabía física teórica avanzada, como por instinto, ¡mucho antes que Kolmogórov!

GLOSARIO

Actinoforme (nube): grandes grupos en forma de estrella de *Stratocumulus* de células abiertas que se extienden entre 100 y 300 kilómetros (60 y 180 millas), principalmente sobre el océano Pacífico. Sólo se puede observar desde satélites en el espacio.

Advección: movimiento y transferencia horizontales de sistemas meteorológicos desde el punto de vista de un observador fijo en la Tierra.

Aerosol: partículas minúsculas (pueden ser submicroscópicas) de sólidos o líquidos suspendidas en el aire. Ver también **núcleos de condensación de nubes**.

Albedo: reflectividad de una superficie o sustancia, por lo general expresada como un porcentaje o fracción de la radiación entrante. Por ejemplo, el albedo de la nieve recién caída bajo la luz visible es de, aproximadamente, el 90 por ciento (o 0,9).

Anticiclón: sistema meteorológico de altas presiones que trae consigo condiciones asentadas y que se extiende por una amplia zona que abarca cientos o miles de kilómetros. Los anticiclones giran en el sentido de las agujas del reloj en el hemisferio norte y al contrario en el hemisferio sur. Ver también **ciclón** y **escala sinóptica**.

Antropoceno: término acuñado originariamente por el químico atmosférico Paul Crutzen a principios de los años 2000 para describir «la era de los humanos» como una nueva era geológica.

Calles de nubes: filas paralelas de nubes convectivas, *Cumulus* o *Stratocumulus* (variedad *radiatus*), que se alinean con la dirección del viento dominante. Cada fila consiste en un gran remolino cilíndrico (o «rollo») de aire que circula en sentido contrario al de sus vecinos a ambos lados. Tras su formación inicial, la distancia horizontal entre las calles de nubes individuales se amplía a favor del viento a medida que aumenta el tamaño de cada remolino dentro de la capa límite.

Calor latente (meteorología): energía «oculta» liberada por el vapor de agua al condensarse, que equivale a unas 590 calorías por gramo de agua (o 2500 kilojulios por kilogramo) a temperaturas terrestres y que, en una nube, calienta la propia gota de agua. También se libera calor latente al congelarse (80 kcal o 334 kJ/kg). Las mismas energías son absorbidas del entorno durante la evaporación o la fusión, respectivamente.

Capa de ozono: parte vital de la estratosfera que contiene una alta concentración de ozono, que absorbe la mayor parte de la radiación ultravioleta dañina procedente del Sol y, de paso, calienta la estratosfera.

Capa límite: capa de aire más cercana a la superficie terrestre, en la que se observan efectos de fricción, con un espesor vertical típico de entre 300 y 1000 metros (1000-3000 pies).

Célula de Hadley: rasgos casi permanentes a escala hemisférica de los subtrópicos en los que el aire superior originado en las células *Cumulonimbus* convectivas de los trópicos se desplaza hacia los polos y comienza a hundirse en latitudes de alrededor de 25-30° N/S antes de regresar en su viaje hacia el ecuador como vientos alisios.

Ciclón: sistema meteorológico de bajas presiones que gira en sentido contrario a las agujas del reloj (antihorario) en el hemisferio norte y a la inversa en el hemisferio sur, y que se extiende por una amplia zona que suele abarcar entre cientos y miles de kilómetros. Ver también **anticiclón** y **escala sinóptica**.

Cizalladura del viento: cambio en la magnitud del viento (su velocidad y/o dirección) con la altitud.

Convergencia: encuentro o convergencia del aire, como si los vientos procedentes de todos los puntos cardinales soplaran hacia una misma zona central. Si se produce en la superficie, el resultado neto es el ascenso del aire. Por el contrario, la convergencia cerca de la tropopausa suele provocar un descenso. Ver también **divergencia**.

Corona: anillos «madreperla» coloreados que aparecen alrededor del Sol o de la Luna, causados por la difracción de la luz por pequeñas partículas (por lo general, gotas de nube) en la atmósfera. Ver también **iridiscencia**.

Corriente ascendente: área coherente de aire que se desplaza hacia arriba en una nube, por lo general un *Cumulus* o *Cumulonimbus*.

Corriente de densidad (meteorología): cuando un lóbulo de aire frío y denso se introduce por debajo de una zona de aire mucho más caliente y menos denso, manteniendo su cohesión en el proceso. En algunas ocasiones, brisas marinas, *volutus* y *arcus* proporcionan ejemplos de corrientes de densidad atmosférica en forma de solitones o nubes ondulatorias.

Corriente descendente: área o corriente de aire coherente que se desplaza hacia abajo en una nube, por lo general un *Cumulonimbus*. Una corriente descendente potente o violenta también puede producir un «microrreventón» a nivel del suelo, así como nubes *arcus* o *volutus* en su borde de ataque a medida que se extiende hacia el exterior desde el centro de la tormenta.

Difracción: aparente curvatura o dispersión de las ondas luminosas al pasar por una pequeña obstrucción o un borde afilado, generando patrones de interferencia coloreados. Cuando las diminutas gotas de nube o los cristales de hielo son del mismo orden de magnitud que la longitud de onda de la luz, la difracción domina sobre la refracción. Ver también **iridiscencia** y **corona**.

Difusión (gas): movimiento aleatorio de las moléculas de gas que facilita su propagación desde regiones de alta concentración a zonas de menor concentración.

Dispersión (meteorología): cuando la radiación electromagnética incidente, por lo general la luz, se refleja difusamente en todas direcciones, en vez de en una dirección o direcciones concretas.

Divergencia: dispersión o «estiramiento» del aire, como si los vientos soplaran alejándose de la zona central. Cuando se produce en la superficie, es posible que el aire acabe de descender antes de divergir. Por el contrario, la divergencia en los niveles superiores de la troposfera puede provocar un descenso de la presión atmosférica y el ascenso del aire desde abajo.

Efecto Twomey: mecanismo que aumenta la reflexión de la radiación solar entrante por parte de las nubes de nivel bajo mediante la adición de aerosoles a la atmósfera, haciendo que las nubes sean más brillantes.

Enfriamiento/calentamiento adiabático: enfriamiento automático del aire cuando se expande, o calentamiento cuando se comprime, sin intercambio neto de calor con el aire ambiente circundante. Por ejemplo, una parcela de aire seco elevada desde el nivel del mar hasta los 305 metros (1000 pies) se enfría 3,0 °C (5,4 °F) debido a la expansión; el proceso inverso del aire que desciende 305 metros (1000 pies) conduce a un calentamiento neto en la misma cantidad, 3,0 °C.

Enfriamiento/calentamiento radiativo: todos los objetos con una temperatura superior al cero absoluto emiten radiación electromagnética. Por lo tanto, la energía obtenida de una fuente caliente (por ejemplo, el Sol o una atmósfera caliente) provoca un calentamiento radiativo. Por el contrario, la energía que se pierde hacia un objetivo más frío (como, un cielo despejado nocturno) provoca un enfriamiento radiativo. La Tierra y su envoltura de nubes se enfrían emitiendo radiación, sobre todo en longitudes de onda infrarrojas, invisibles a nuestros ojos.

Escala sinóptica: características meteorológicas a gran escala de la atmósfera, como las altas presiones (anticiclones) o los sistemas de bajas presiones (ciclones), los frentes cálidos y fríos, que operan a escalas de cientos a miles de kilómetros.

Estabilidad: tendencia de las parcelas de aire a volver a su posición inicial después de haber sido forzadas a desplazarse hacia arriba o hacia abajo. Estabilidad es lo contrario a inestabilidad. Ver también **flotabilidad**.

Estratopausa: frontera entre estratosfera y mesosfera.

Estratosfera: parte de la atmósfera situada por encima de la tropopausa, que contiene la capa de ozono a altitudes aproximadas de entre 15 y 50 kilómetros (9-31 millas).

Flotabilidad (meteorología): tendencia de las parcelas de aire a elevarse por voluntad propia hasta alcanzar un nivel de densidad igual al del aire circundante. La flotabilidad en la atmósfera es consecuencia directa del principio de Arquímedes. Se dice que este aire es «inestable». Flotabilidad o inestabilidad son lo contrario de estabilidad.

Frente cálido: frontera móvil entre una masa de aire frío (y, por lo general, más seco) y una masa de aire cálido (y, por lo general, más húmedo), que suele traer consigo nubes densas (*Nimbostratus*) y precipitaciones, y donde el aire más cálido se instala una vez que ha pasado el frente.

Frente frío: frontera móvil entre una masa de aire cálido y húmedo, y una masa de aire más frío y seco, que a menudo trae consigo nubes densas (*Nimbostratus* o *Cumulonimbus*) y precipitaciones, y donde el aire más frío se instala una vez que ha pasado el frente.

Glaciación: congelación de las nubes.

Gránulos de nieve: conglomerado de cristales de hielo que se encuentra en las turbulentas nubes de precipitación.

Hábitos (meteorología): caras planas y estructura externa de las columnas y los cristales de hielo hexagonales, que dan lugar a la reflexión y la refracción de los rayos de luz entrantes. Podemos verlos como halos de hielo cuando los observamos desde la distancia.

Hidrometeoro: término amplio que hace referencia a cualquier partícula de agua líquida o hielo en la atmósfera, por ejemplo, gotas de nube, niebla, bruma, llovizna, gotas de lluvia, granizo, aguanieve, nieve y otros cristales de hielo.

Higroscópico: propiedad de una sustancia (como un aerosol o un núcleo de condensación de nubes) que hace que atraiga y condense vapor de agua en su superficie antes de alcanzar la saturación. Por ejemplo, el vapor de agua puede condensarse en grandes aerosoles de sal marina a humedades relativas del 78 por ciento o más.

Humedad específica: cantidad de vapor de agua gaseoso en el aire, expresada como relación de la masa de vapor de agua (en gramos) por unidad de masa de aire (en kilogramos).

Humedad relativa: grado de saturación del aire a la temperatura actual del aire, expresado con un porcentaje entre 0 y 100. En general, la niebla y las nubes se forman cuando la humedad relativa alcanza el 100 por cien, lo que permite condensar el exceso de humedad del aire.

Inversión: cuando el ritmo normal de descenso de la temperatura del aire con la altura se invierte, es decir, cuando la temperatura del aire aumenta con la altura. Las inversiones suelen asociarse a condiciones meteorológicas estables, lo que significa que cualquier aire ascendente que se encuentre con una inversión tenderá a descender a su posición original.

Iridiscencia: ver página 78.

Kelvin (K): escala absoluta de temperatura, que comienza en la temperatura más baja posible de 0 K, equivalente a -273,15 °C en la escala Celsius. La escala Kelvin tiene la misma magnitud que la escala Celsius, por lo que 1 K=1 °C. Debe su nombre a lord Kelvin.

Levógiro (viento): dirección del viento que se mueve en sentido contrario a las agujas del reloj (antihorario) en la brújula. Por ejemplo, se dice que un viento del suroeste es un viento «levógiro» cuando cambia a viento del sur.

Ley de Dalton: la presión total ejercida por una mezcla de gases, como el aire, es igual a la suma de sus presiones parciales.

Luz infrarroja: parte del espectro electromagnético comprendido entre los 700 nanómetros (0,7 micras) y 1 milímetro (1000 micras). La radiación infrarroja es la radiación dominante emitida por los objetos a temperaturas terrestres. Los humanos no podemos verla.

Madreperla (nubes): otro nombre común para las nubes nacaradas o nubes estratosféricas polares (véase la página 208).

Masa de aire: una gran masa de aire con temperatura y humedad relativamente similares. Las masas de aire pueden desarrollarse sobre una amplia zona oceánica, o sobre una masa de tierra continental, antes de ser advectadas (desplazadas) a otro lugar.

Mesosfera: parte de la atmósfera terrestre situada entre los 50 y los 80 kilómetros de altitud.

Meteorología dinámica: estudio de la ciencia atmosférica mediante las ecuaciones fundamentales del movimiento, la termodinámica y la radiación. En un sentido más general, «dinámica» hace referencia aquí a las propiedades de los sistemas meteorológicos a escala sinóptica y al movimiento del aire.

Micra: milésima parte de un milímetro (0,001 mm), o 1×10^{-6} de un metro, también llamado micrómetro, y a menudo escrito como μm.

Microrreventón: gran corriente descendente de un *Cumulonimbus* severo, que se propaga con violencia hacia el exterior al alcanzar el nivel del suelo, provocando fuertes vientos y precipitaciones torrenciales. Ver también **corriente descendente**.

Multicelular (tormenta): tipo de tormenta intensa en la que las células individuales de la tormenta se fusionan en un sistema tormentoso más grande, complejo y severo. Ver también **supercélula**.

Pared de nubes: nombre popular y común del *murus* (véase la página 204).

Nube en estantería: otro nombre para *arcus* (véase la página 202).

Nube ondulada: atractiva variedad *undulatus*, blanca o muy iluminada tanto de *Altocumulus* como de *Cirrocumulus*, en la que la onda está amontonada pero no se descuelga ni se rompe como sucede con el *fluctus*.

Nube ondulatoria: onda o solitón que se propaga como *volutus* (véase la página 198). Ver también **corriente de densidad**.

Nubes nacaradas: también conocidas coloquialmente como «nubes madreperla», aunque su nombre oficial es nubes estratosféricas polares. Sólo se pueden ver en el Ártico, el Antártico o en latitudes altas y, se forman en la estratosfera. Ver **madreperla (nubes)**.

Núcleos de condensación de nubes (CNC): pequeños aerosoles suspendidos en el aire que son higroscópicos. Actúan a modo de núcleos para la formación de gotas de nube. Ver también **aerosol**.

OMM: Organización Meteorológica Mundial, creada en 1951 a partir de la Organización Meteorológica Internacional. Administra y facilita la cooperación internacional en meteorología y cuestiones afines.

Onda de gravedad (meteorología): onda atmosférica que hace oscilar el aire verticalmente, de forma similar a las olas del mar, cuando la gravedad intenta restablecer el equilibrio hidrostático (página 52) de la atmósfera. Las ondas de gravedad de la atmósfera pueden ser transitorias (como en *undulatus, asperitas, fluctus, supercilium* o *volutus*) o geoestacionarias (*lenticularis*).

Onda de montaña: onda de gravedad geoestacionaria en la que se forman las nubes *lenticularis*. Ver también **onda de gravedad**.

Orografía: Colinas y montañas.

Pirocúmulo/pirocumulonimbo (nube): nombre comúnmente utilizado para *Cumulus/Cumulonimbus flammagenitus* (véase la página 194).

Presión de vapor (meteorología): presión parcial de vapor de agua en la atmósfera. Ver también **Ley de Dalton**.

Procedencia (de las nubes): origen de una nube. Por ejemplo, las nubes pueden modificarse, o mutar, a partir de una nube «madre» (véase la página 192).

Pronóstico inmediato: previsión meteorológica a muy corto plazo que abarca las próximas 0 a 6 horas.

Rolar (viento): dirección del viento que se mueve en el sentido de las agujas del reloj en la brújula; por ejemplo, se dice que el viento «rola» cuando un viento del suroeste cambia a oeste.

Siembra de nubes: siembra artificial de nubes con sustancias químicas como yoduro de plata o cloruro de sodio, por lo general mediante el uso de aviones o cohetes, con el fin de aumentar o alterar las precipitaciones a nivel del suelo.

Sistemas meteorológicos de bajas presiones: ver **ciclones**.

Sublimación (meteorología): evaporación del agua desde su fase sólida (hielo) a la gaseosa, sin pasar por la fase líquida.

Supercélula: *Cumulonimbus* muy grande, potente y maduro que se ha convertido en un sistema meteorológico único por derecho propio. Las características de una supercélula que la diferencian de otros *Cumulonimbus* son un granizo de gran tamaño; una pared de nubes (*murus*); una corriente ascendente potente, única, bien separada y autorregenerativa; corrientes descendentes violentas, y ser una «peregrina derecha» (tormenta que no se desplaza directamente a sotavento, sino que se propaga a la derecha del viento rector en un ángulo pronunciado). Las supercélulas también tienen más probabilidades de producir tornados graves que otras tormentas.

Tasa de caída: tasa de cambio de la temperatura del aire con la altitud.

Terrestre: significa 'relacionado con la Tierra'.

Topografía: forma y variabilidad en altitud del paisaje superficial. Ver también **orografía**.

Tormenta: término genérico no exclusivo que hace referencia a muchos tipos de tiempo severo, por ejemplo, tormentas eléctricas, vendavales, ciclones de latitud media (borrascas o depresiones), ciclones tropicales (tormentas tropicales, tifones, huracanes, ciclones), turbonadas, bajas polares, tormentas de polvo, *haboobs* y derechos. Una tormenta puede provocar truenos y relámpagos, precipitaciones intensas o fuertes vientos, o una combinación de las tres cosas.

Tropopausa: frontera entre troposfera y estratosfera. Suele situarse a entre 7 y 8 kilómetros (4-5 millas) de altitud sobre las regiones polares y a entre 12 y 16 kilómetros (8-10 millas) sobre los trópicos.

Troposfera: parte de la atmósfera más cercana a la superficie de la Tierra, a entre 0 y 15 kilómetros (0-9 millas), donde se producen casi toda la meteorología y las nubes. En su límite superior se encuentra la tropopausa; por encima, la estratosfera.

Viento anabático: brisa ascendente en una zona montañosa, como parte del sistema de circulación diurno entre la montaña y el valle (página 101). Del griego *anabatikos*, 'persona que asciende'. Ver también viento catabático.

Viento catabático: corriente de aire o brisa suave que desciende por la ladera de una zona montañosa, como parte del sistema de circulación nocturno entre la montaña y el valle. Del griego *katabatikos*, 'descender'. Ver también **viento anabático**.

Vientos alisios: vientos dominantes en superficie en el brazo ecuatorial de una célula de Hadley, que suelen tener una componente direccional noreste en el hemisferio norte y sureste en el hemisferio sur.

Vórtice polar estratosférico: sistema de circulación de aire circumpolar de tamaño planetario presente en la estratosfera inferior durante los meses de otoño, invierno y primavera, que gira alrededor de ambos polos a unos 50-0° de latitud.

Yunque: corona glaciar o «corte de pelo a cepillo» de un *Cumulonimbus capillatus*. Designado oficialmente como el rasgo suplementario *incus*. Debe su nombre a la forma del yunque del herrero.

ÍNDICE

CRÉDITOS DE LAS IMÁGENES

Biblioteca de fotografías de Alamy: Historica Graphica Collection/Heritage Images 25; The History Collection 30; Zuri Swimmer 35; The Picture Art Collection 69; The Print Collector 79 B; Ashmolean Museum of Art and Archaeology/Heritage Images 105; Heritage Image Partnership Ltd 125; World History Archive 126–127; Ashmolean Museum of Art and Archaeology / Heritage Images 166–167; piemags/RTM 169 B; The Print Collector 183; classic paintings 184–185.

Museo y Galería de Arte de Birmingham: Creative Commons 107; Google Art Project 120–121.

Biblioteca de Arte Bridgeman: 12–13; 81; Scott Polar Research Institute 79 T; Bury Art Museum & Sculpture Centre 82–83; Photo Josse 149; The Wilson 156; Science and Society Picture Library 161; Ashmolean Museum 169 T; Photo Josse 171; National Trust Photographic Library 177 B. Sunderland Museums 195 B.

Museo de Arte de Cleveland: Donación del Sr. y la Sra. de J. H. Wade 73.

Museo Nacional de Diseño Cooper-Hewitt, Donación de Louis P. Church: 11; 16–17; 50 B; 55; 99; 117 B; 119; 146–147; 174–175; 178–179.

Museo del Instituto de Artes de Detroit: Founders Society Purchase, Robert H. Tannahill Foundation Fund, Gibbs–Williams Fund, Dexter M. Ferry Jr. Fund, Merrill Fund, Beatrice W. Rogers Fund, y Richard A. Manoogian Fund 196–197.

Museo J. Paul Getty, Los Ángeles: 131 B.

Hamburger Kunsthalle: 47; 191.

Museo de Arte de Indianápolis (IMA): 101.

Ivan Konstantinovich Aivazovsky: 111 T.

Museo Metropolitano de Arte: The Whitney Collection, donación de Wheelock Whitney III, y compra, donación del Sr. y la Sra. de Charles S. McVeigh, por intercambio 49; Morris K. Jesup Fund 60–61; 131 T; Legado de la Srta. Adelaide Milton de Groot 93; H. O. Havemeyer Collection, Legado de la Sra. H. O. Havemeyer 95 B; 181; Donación de la Sra. Leon L. Watters, en memoria de Leon Laizer Watters 96 T; Robert Lehman Collection 96 B; Compra, donación de The Annenberg Foundation 201.

Colección del Instituto de Artes de Mineápolis: The Ethel Morrison Van Derlip Fund 207.

Museum of Modern Art: Google Art Project 215.

Museo Nacional de Estocolmo: 140–141; 145; 122–123; 209.

Museo Nacional de Arte, Arquitectura y Diseño, colecciones de bellas artes: 18–19; 95 T; 102–103; 117 T; 129; 133 T; 177 T; 211; 213.

National Gallery: 95 M.

Galería Nacional de Arte de Washington: Chester Dale Collection 155 B.

New Art Gallery Walsall: Garman Ryan Collection 1973.023.GR: 112–113.

Museo de Arte de Filadelfia: John G. Johnson Collection: 134 –135.

Royal Society: 39 T.

Patronato del Museo de Ciencias: 31; 32; 39 B, 173.

Museo Smithsoniano de Arte Americano: Donación de William T. Evan 90–91; 195 M.

Wellcome Collection: 45.

Wikimedia Commons: National Portrait Gallery 30; National Museum 181; 122–123 181; Hamburger Kunsthalle 199; 203.

Wilson, E., Wilson, D.M. y Wilson, C.J., 2011. *Cuadernos Antárticos de Edward Wilson.* **Reardon Pub:** 186; 187.

Centro de Arte Británico de Yale, Paul Mellon Collection: 4–5; 7; 8–9; 20–21; 40–41; 42–43; 50 T; 63; 66–67; 76–77; 84–85; 89; 109; 111 B; Donado en honor de Patrick Noon, Conservador de Grabados, Dibujos y Libros Raros (1979-97), de la colección de Iola S. Haverstick: 107 B; 115; 133 B; 136–137; 143; 151; 153; 155 T; 162–163; 190–191; 195 T.